O. Hauser

Der Mensch vor 100.000 Jahren

bremen university press

O. Hauser

Der Mensch vor 100.000 Jahren

ISBN/EAN: 9783955623326

Auflage: 1

Erscheinungsjahr: 2013

Erscheinungsort: Bremen, Deutschland

@ Bremen-university-press in Access Verlag GmbH, Fahrenheitstr. 1, 28359 Bremen. Alle Rechte beim Verlag und bei den jeweiligen Lizenzgebern.

bremen
university
press

Großer Werkplatz vor 25000 Jahren (S. 38).
× Der gravierte Stein (s. S. 40 und Nr. 12, S. 48).

Der Mensch vor 100000 Jahren

Von

Dr. O. Hauser

Mit 96 Abbildungen und 3 Karten

Leipzig: F. A. Brockhaus · 1917

Vorwort.

Ich weiß mich noch genau zu erinnern, welchen unauslöschlichen Eindruck es auf mich, den Fünfzehnjährigen, machte, als meine gute, nun schon längst verstorbene Mutter an dem runden Tisch unserer Wohnstube, im alten „Eisenhammer" zu Wädenswil, mir zum erstenmal aus Schliemanns Trojawerk von den seltsamen Funden dieser grauen Vorzeit, von Priamos' Goldschmuck, vom Heldengrab des Achilles, von der ganzen großen, unsterblichen Welt Homers ergriffen vorlas. In meiner Phantasie nahm das alles buntestes Leben an. Geschichte und Sagen waren immer mein alles, und mein weihnachtlicher Wunschzettel umfaßte alljährlich nur Bücher, Bücher. Ich maß und verglich das alte Ilion mit den geheimnisvollen Ruinen der alten Deutschordensburg in meinem Heimatsort, wo wir Jungen aus den Dörfern von Wädenswil und Richterswil an den Ferientagen einander Schlachten lieferten wie die homerischen Helden. Und drüben am andern Ufer des blauen Züricher Sees lag Meilen mit seinem merkwürdigen Pfahlbau aus ferner Urzeit! Die ganze Größe der versunkenen Vorwelt stand mir nie so eindrucksvoll vor Augen, als wenn ich dann in mein Stübchen ging und den Blick über den alten Friedhof zu Füßen, hinaus in die Ferne wandern ließ, wo die schneebedeckten Gipfel der Glarner Alpen im glühenden Abendrot herabsahen, als Zeugen der Stärke, die die arme kleine Welt daneben überdauert.

Damals nahm ich mir vor: auch ich will wie Schliemann Helden aus den Gräbern zum Leben erwecken, Städte wie Ilion

1*

wieder erstehen lassen, und was so der Jugendträume nach solcher Lektüre mehr sind! So wurde ich Archäologe, und das Kolleg des Basler Historikers Burckhard-Finsler, der im Nebenbau der alten Barfüßerkirche begeistert und begeisternd uns allwöchentlich die Neuerwerbungen des Basler Historischen Museums zeigte und erklärte, fachte solche Glut zu heller Flamme. Das Amphitheater in Augst und die Hügelgräber der Hardt bei Basel zogen mein Interesse mächtig an.

Endlich, im Jahre 1895, kam ich zu den ersten eigenen Ausgrabungen im Walde bei Sarmenstorf im Aargau; da öffnete ich zum ersten Male selbständig einige Hügelgräber. Bald folgten, nach ehr gründlichen Vorstudien, meine großen Ausgrabungen von Vindonissa im Aargau, dem heutigen Windisch; da grub ich das mächtige Amphitheater aus, dessen Existenz alte Chroniken wohl gemeldet hatten, das aber jahrhundertelang einem ungestörten Dornröschenschlaf überlassen geblieben war. Ich legte mit einem Stabe von achtundzwanzig Arbeitern das Areal dieses mächtigen römischen Baudenkmals in seiner ganzen, heute nun erhaltenen Ausdehnung frei und ergrub Standorte der XI. und XXI. Legion; die einzelnen Ausgrabungsphasen hielt ich in Tausenden von photographischen Aufnahmen fest, und über die einzelnen Gebäudeanlagen wurde, zusammen mit exakten Vermessungen, genau Protokoll geführt.

Nach gründlichen fünfjährigen Studien an den Universitäten Basel und Zürich griff ich eines Tages zu Hut und Wanderstab der fahrenden Scholaren und zog nach Frankreich, wo mir in späteren Jahren die in diesem Buche beschriebenen Erfolge zuteil werden sollten.

Dort habe ich bei Ausbruch des Weltkrieges am 1. August 1914, als wider jedes Recht Vertriebener, blutenden Herzens alles im Stich lassen müssen, was ich in anderthalb Jahrzehnten heißen Mühens und Ringens geschaffen und aufgebaut hatte. Aber vergebens war meine Arbeit doch nicht: so oft ich nach Berlin oder Köln, nach Frankfurt oder Magbeburg oder in gar manche andere große oder kleine deutsche Stabt komme, freue ich mich ber Schätze aus ber Urzeit, die dort, von mir ergraben, in schönen Museen aufgestellt sind.

Saxa loquuntur . . . . bie Steine reben!

Basel, im Herbst 1916. **Dr. O. Hauser.**

Inhalt.

Erstes Kapitel.

Meine Fahrt in die Dordogne.

Die Anfänge der Prähistorie. — Die Pfahlbauer. — Der Beginn meiner Forschungen in der Dordogne. — Unberührte Menschen, schier „prähistorisch". — Die Fahrt im Maultierkarren.

Vor balb neunzig Jahren begann man sich in Frankreich, Belgien und England mit urgeschichtlichen Problemen zu beschäftigen. Die ersten Pioniere, die die Existenz eines vorgeschichtlichen Menschen verteidigten und gewisse Bodenfunde als von diesem herstammend erklärten, ernteten kaum mehr als Hohn und Verachtung. Die Schweiz war berufen, der Prähistorie neue Freunde zu werben: denn als 1853 Aeppli und Ferdinand Keller die Pfahlbauten im Züricher See entdeckten, da öffnete sich plötzlich das Buch der Erde: man förderte aus der Tiefe des Sees unzählige Werkzeuge, Waffen, Töpfe, Fisch- und Webegeräte zutage, und die größten Zweifler mußten schließlich doch einsehen, daß lange vor der historischen Zeit schon Menschen gelebt und gewirkt hatten.

Was die Pfahlbauten lieferten, deutete aber auf eine schon hohe Kulturstufe hin: Ackergeräte, Weizenkörner, Webereien bedingten das Vorhandensein einer seßhaften und ackerbautreibenden Bevölkerung. Die vielen Ziergegenstände, womit die Pfahlbäuerin sich schmückte, erwiesen schon einen hohen Grad von Geschmack und Sinn für schöne Formen. Selbst ein gewisser Luxus der Lebensführung dokumentierte sich in den reichornamentierten Töpfen und Schalen, den verzierten Knochenanhängseln, dem Kinderspielzeug und in schönen Webemustern. Die Töpferei entwickelte sich vom rohen, handgeformten und sonnengetrockneten Geschirr zu vornehmen Ausbrucksformen mit scheibengedrehten Krügen und Schälchen, denen vor dem Feuerbrand hübsche Linien und Ornamente eingeritzt waren. Die Funde aus den Pfahlbauten, aus gleichaltrigen Landansiedelungen und Grabstätten führten zu Menschen, die sich bereits auf einer hohen Entwicklungsstufe bewegten. Die Beigaben der Totenkammern, die Waffen und der Schmuck der Lebenden, lieferten uns ein buntes Bild geistig regsamer Völkerschaften. Vom geschliffenen Stein ging der Mensch über zur Gewinnung und Verarbeitung von Bronze und Eisen, stellte kunstvolle Gußformen her und verstand es dann schließlich auch, als die Bearbeitung des Eisens zu solcher Entwicklung gelangt war, sein Eisenschwert mit reicher Bronzeeinlage zu zieren.

Mittlerweile waren in Belgien und Frankreich Funde gehoben worden, die man mit den Entdeckungen schon hochentwickelter Pfahlbauten in keinen Zusammenhang zu bringen wußte. Einfache Steine schienen sie nur zu sein; doch fiel ihre Form auf, und man erkannte, daß sie nur von Menschen hatten hergestellt werden können. Nicht auf der Erdoberfläche lagen diese Zeugen grauer Vorzeit, man mußte sie oft tief im Boden und aus Grotten holen und fand sie umlagert von Überresten großer, nicht mehr lebender Säugetiere. System und Schule zu der Ausgrabungsarbeit aber fehlte, und man begnügte sich mit der Anhäufung schöner Stücke, aus Liebhaberei und Sensation. Schürfen gehörte an gewissen Orten bald zum vornehmen Sport, zur angenehmen Ferien- und Ausflugsbeschäftigung. Es entstand eine gewisse Literatur, der jedoch das Rückgrat fehlte: die wissenschaftliche Genauigkeit. Die Schriften ergingen sich in philosophierenden Spekulationen und traumhaft schönen Vermutungen. So standen im großen und ganzen die urgeschichtlichen Dinge, als mich der Wissensdrang vor bald zwanzig Jahren nach dem Süden Frankreichs führte. —

Gewaltige Schneemassen wirbelten an jenem 2. April 1898 und hüllten die Limmatstadt Zürich in starres Eisgewand, als ich meine

Studierstubenwünsche gen Bordeaux führte. Südheiß brannte am 4. April die Sonne dort unten — schmolz Kälte und Zweifel am Golf von Biskaya. Es wurde mir nicht sonderlich leicht, die in der Studierstube aus der Literatur erworbenen Kenntnisse praktisch so umzuwerten, daß klar daraus hervorgegangen wäre, wie man sich am besten in die Geheimnisse der Urwelt Eingang verschaffte. Abseits von der großen Eisenbahnlinie Paris—Bordeaux, die man damals

Übersichtskarte des Bezirregebiets.

schon mit 80=Kilometer=Tempo angenehm im Speisewagen durch=raste, bestand die weniger komfortable Route Bordeaux—Périgueux —Agen—Mittelmeer. Die Ölfunzel an der Decke der unsauberen Abteile 1. Klasse gestattete nicht das Ablesen der Zeit vom Ziffer=blatt der Taschenuhr, nicht einmal wenn man sich auf dem „Polster=sitz" stehend erhob „bis ans Dach"; selbst andere Annehmlichkeiten, wie sie heute der moderne Gepäckwagen besitzt, fehlten damals noch in der „höchsten Klasse" jener Strecke. Die letzte „Oase" vor An=tritt der Entdeckungsreise lag im „Chapon fin" zu Bordeaux.

Ich suchte ein weltfernes Dörfchen·im Departement Dordogne, um von dort aus meine Spürnase ins Reich der Urwelt zu stecken; allein kein hoher und niederer Bahnbeamter konnte mir Fahrplan und Rat weisen. Ein kleiner Gepäckträger aber wußte mir zu erzählen, daß nicht weitab von dem gesuchten Nestchen eine Eisenbahnstation sei, von der aus alljährlich die saftigen Reineclauden des Périgord bis Bordeaux kämen; auch sei dort das Land der aromatischen Trüffeln — ich werde herrlichster Genüsse sicher sein.

In nächtlicher Rüttelfahrt kam ich diesem Ziele näher und landete geschlagen und geschwärzt an einem winzigen Bahnhöfchen: La Gélie, ganz richtig von la gelée — der Frost — abgeleitet, denn hier ist ein rauher Fleck Erde, mit berüchtigten Frühfrösten, die aber die winzige Trüffel zum duftenden „Schwammerl" umbilden. Ein Stationchen mit Anhang, mitten im Föhrenwald, und daneben ausgerechnet ein einziges Haus — die Herberge.

Zu dämmeriger Frühmorgenstunde — 5 Uhr — schälte ich mich und mein Gepäck aus der schmalen Kupeetür. Fast meinte man im Urwald zu sein; das „Menschengewimmel" bestand aus dem Stationsleiter und mir. Der schlaftrunkene Beamte musterte mich; wie war es möglich — ein Fremder, der zwar fließend französisch parlierte, aber ohne Gaskogner Akzent! Mein Ziel kannte der ortsfremde Chef de station auch nicht. Er wies mich zur Herberge — dort fände ich Auskunft, Wohnung und sicher auch Wagen und Pferd.

Zwei Ferkelchen, ein furchtbarer Hundebastard und ein Hahn begrüßten mich, und aus dem dunkeln Hausinnern trottete ein altes, zahnloses Weibchen. Doch französisch verstand sie nicht, und ich nicht ihren melodiösen Dialekt. Grinsend musterte mich die Alte, weil ich etwas scheu auf dem Vorplatz dem bis an die Knöchel reichenden Schmutz menschlicher und tierischer Herkunft ausweichen wollte. Über der Tür entzifferte ich — da ich früher auch römische und griechische Schriftkunde getrieben — die Worte: Auberge, Café,

Restaurant; unterschieblich war's allerdings vom „Chapon fin" zu Bordeaux!

Klappernd in unförmlichen Holzschuhen trat dann ein männliches Wesen in die Erscheinung, wohl der frühen Morgenstunde wegen noch nicht rasiert und gekämmt! Aber es wischte sich an einer Art Handtuch die trockenen Hände als Morgentoilette, und ich erklärte meinen Wunsch und mein Ziel. Ich erinnerte mich jener Verheißung des kleinen Gepäckträgers in Bordeaux und begann schüchtern ein Frühstück zu bestellen — wärmenden Kaffee mit Butter und Brot. Was der liebenswürdige Gastwirt murmelte, verstand ich nicht; doch er wies mir sein eigenes Frühstück, ein Stück Brot, bedeckt mit einer merkwürdigen, grauen Masse, die er kunstgerecht mit seinem Taschenmesser trennte, die gereinigte Hand als Tranchierbrett benutzend: „crouton" — Brot bedeckt mit grauschwarzem Schmalz, und auf der Bank vor dem „Gasthof" zeigte er mir Wein in einem Glase, „piquette" aus Weintrebern, Wacholderbeeren und Wasser! Auf den stolzen gallischen Hahn weisend, der frech wütend mich bekrähte, weil er Fremdenbesuch nicht gewohnt war, erkundigte ich mich nach dessen Gespielinnen, den eierlegenden Hennen, und erbat hartgesottene Eier mit Pfeffer und Salz. Stubengelehrter, wo sind deine Pläne und Wünsche? Was bedarfst du der Urwelt, wo dich schon hier primitives Leben umgibt? Ich fragte nach Wagen und Pferd.

„Wohin?"

„Nach dem Dörfchen."

Es sei schwer zu machen, im Stall stehe nur ein altes Maultier, und sein einziger Wagen sei dort — ein zweirädriger Karren, außen und innen gepolstert mit faustdicker Lehmkruste. Während ich sinnierte und, wenn auch mit knurrendem Magen, mich im stillen freute, solche kulturfremde, unberührte Menschheit zu sehen, erschien wieder die freundliche Alte von vorher und rief mich ins Innere der „Höhle": Gastzimmer, Schlafraum und Küche waren ein

Gemach; der Boden Lehm, die Stühle windschief, der Tisch fröh-
licher Tummelplatz Tausender surrender Fliegen, die die Kamin-
wärme erweckt hatte; das Bett mit schwärzlichem Laken bedeckt
und so breit, daß es Platz für vier Normalmenschen bot.   Die
Ferkelchen folgten mit in die „gute" Stube; der Hund schnupperte
an meinen Füßen, und auch der prächtige Hahn erwartete Krumen
vom Tische der Herren.   Aus dem Schrank nahm die Alte einen
Teller — kein Limogesporzellan — und wischte ihn an dem Tuche,
an dem vorher der Wirt seine Hände gerieben hatte.   Jugend erschien: ein kleines Menschenpaar, verwundert und scheu, und rieb
sich die Näschen am gleichen Universaltuch!   Die Dame des Hauses
stellte den Teller auf den Tisch, verscheuchte die Fliegen, legte einen
runden Laib Brot hin, den sie einem zweiten — Bett entnahm,
weil es dort frischer blieb als im Schrank, und von einem Spül-
brett nahm sie wahllos aus einem Haufen ungewaschener Bestecke
ein Messer.   Mir ahnte etwas vom Leben der Höhlenbewohner,
und mein knurrender Magen wurde fühlbar ruhiger!   Die Alte
hantierte am Feuer — und nun servierte sie mir in der hohlen
Linken Salz, und auf der runzligen Rechten brachte sie mir zwei
Eier.   Hartgesotten waren sie allerdings; allein in ihrer übergroßen
Liebenswürdigkeit hatte sie sie auch geschält und dadurch das farbige
Muster der Hände auf die zartweiße Eihaut übertragen.   Ich aß,
um die Leute nicht zu beleidigen, aber ich dachte ein wenig an mein
sauber geordnetes Heim in Limmat=Athen.

Über all diesen Zeremonien war eine Stunde vergangen, und
mich drängte es weiter; ich war ja Urgeschichtsforscher und nicht
Ethnologe! 11 Kilometer sei es zu meinem Ziel, und Maultier
und Karren mit Fahrer ständen zu meiner Verfügung.

Auf lehmigen, bodenlosen Wegen ging es hinein in den Wald;
nichts als Heide, Wald und wieder Heide. - Hoch stand die Sonne
am Himmel und berührte uns sengend mit ihren Strahlen.   Stunde
um Stunde verging.   Das Maultier verlor seine Freude am Weg,

doch der edle Kutscher kannte ein einfaches Mittel, um dem alten Tier die Lust am Stehenbleiben zu nehmen: ein kopfloser spitzer Nagel am Stock versah die Stelle der Peitschenschnur, und mit diesem Reizinstrument bedurfte es nur eines kräftigen Stoßes in eine dem „Schweife" benachbarte Gegend, um dem Rassetierchen die Technik der Fortbewegung beizubringen. Doch auch die schlechteste Straße nimmt einmal ein Ende, und ans Ziel kommt man immer, man sei nur beharrlich!

Die Waldmenschen von La Gélie sind nicht gewohnt, im nervenpeitschenden Trubel der Welt sich groß um Gewinn zu scheren. Wenn der Mensch bescheiden ist, zufrieden mit jedem Los, bedarf er zum Leben nicht viel, bleibt doch gesund und wird alt! Freilich darf er nicht reisen; denn das kostet Geld, und Geld will verdient sein! Drum sind ihm alle „Länder" in mehr als 5 Kilometer Umkreis spanische Dörfer. Wie manchen wackeren Alten lernte ich später kennen, der nie zum benachbarten Marktflecken gekommen war, und wenn er nur 10 Kilometer ablag. Über allem liegt dort unten oft heute noch eine Unberührtheit, eine für uns moderne Menschen unendlich wohltuende und erfrischende Primitivität, die wir sonst nur in Amerikas Urwäldern zu finden wähnen! Was Wunder also, wenn der Kutscher sich im Walde verlor, wenn wir erst nach zehn Stunden das Ziel fanden: das kleine, verschlafene Dörfchen Plazac.

Hier war ich an einen alten Tierarzt empfohlen, von dessen Kenntnis urgeschichtlicher Dinge man mir Wunderdinge erzählt hatte. Nach vielem Fragen fand ich das Haus des Veterinärs, eines klugen, erfahrenen Mannes, der gern seine Mußestunden durch allerlei Studien nützte und besonders für die Urgeschichte seiner engeren Heimat ein lebhaftes Interesse besaß. Es wurde für ihn und seine Familie ein seltenes Fest, einmal Fremde von so weit her begrüßen zu können. Maultier, Karren, Kutscher und Student waren müde geworden und verlangten nach Ruhe und Atzung.

Aber die Erzählungen des biederen Veterinärs belebten mich bald wieder, und er erbot ſich, mich mit ſeinem „richtig gehenden" Pferd und einem faſt menſchenwürdigen, zweiräbrigen Wagen noch einige Kilometer weiter zu fahren, damit ich gleich am erſten Tage den Ausgangspunkt früher altſteinzeitlicher Forſchung ſähe und auch von dort aus mir meinen Plan baue.

Raſch rollten wir die gute Straße 5 Kilometer weſtwärts und kamen ſo nach Le Mouſtier, dem Örtchen, das zehn Jahre ſpäter durch meine Entdeckung des Homo Mousteriensis Hauseri-Klaatsch Weltberühmtheit erlangen ſollte.

1. Der Hügel von La Micoque (S. 21).

2. Die Arbeiter auf La Micoque (S. 21).

3. Der Verfasser in der Fundschicht von La Micoque (S. 21).

4. Wohnhaus, Arbeitsräume und Museum im Standquartier des Verfassers in Laugerie haute (S. 28).

5. Fundstelle (X) des Homo Mousteriensis Hauseri (S. 29).

6. Schädelteile des Homo Mousteriensis Hauseri (S. 29).

Zweites Kapitel.

La Micoque.

Mein erster Tag im Bézèretal. — Meine Aufgabe ein Lebenswerk. — Englische „Raubritter". — Urweltliche Unterkunft. — Terra incognita. — Wenig Verständnis, Ablehnung und schwere Zeiten. — La Micoque, Station Nr. 1. — Werkleute. — Dynamit. — Der erste Urmensch, Homo Moustoriensis Hauseri.

Nun sah ich zum erstenmal vorklassisches Land! Zu beiden Seiten des Flusses, der Bézère, ragen hohe Kreibefelsen stolz in die lichtblaue Atmosphäre und blicken, Denkmäler alter Zeiten, herab auf das stille Le Moustier. Vor mehr als hunderttausend Jahren lagerten zu Füßen dieser Felsen struppige Nomadenhorden; fast tierähnlich noch, erkletterten sie die steile Berglehne, hockten in ihrem armseligen Felsloch ums Feuer und waren nur einer rauhen, einfachen Sprache mächtig.

Mein kundiger und gebildeter Führer geleitete mich auf einen Felsvorsprung, 40 Meter über dem Fluß, und was ich da schaute, blieb mir unauslöschlicher Eindruck. Ich stand an dem Platz, wo dreißig Jahre vor mir die ersten Steinfunde dem Boden entnommen worden waren, wo ein origineller Engländer „nach Steinen gegraben" hatte, die er dann in Schiffen flußabwärts bis Bordeaux und von da nach England verfrachtete: Steine, einfachste Werkzeuge aus einer der frühesten Menschheitsperioden, aus einer Epoche, da der primitive Urmensch kein Eisen kannte, keine Bronze und nichts verstand von kunstvollen Knochenwerkzeugen oder von Töpferei.

Vor uns senkte sich glühend rot die große, feurige Sonnenkugel hinter die Berge, rein war die Luft, vergoldet schienen die Spitzen der

Hauser, Der Mensch.   2

gegenüberliegenden Felspartien, in benen überall Halbhöhlen einge-
sprengt lagen: einfache natürliche Schutzhöhlen, die der Mensch jener
weiten Vergangenheit sich zum Lager unb Wohnplatz gewählt hat.
Zu unsern Füßen die ruhig fließende Bézère, an beren Ufer jene
fernen Menschen den Fischen nachstellten unb die großen Landsäuge-
tiere beim Wechsel zur Tränke belauschten. Rings um uns weites,
sattgrünes Tal. Vor mir bas romanische Kirchlein bes Dorfes —
Gegenwart, Geschichte unb Urzeit. Was ich in Büchern gelesen
und auf hohen Schulen gehört, wurde zur greifbaren Wirklichkeit:
ich stanb auf der Stätte jener großen Urkultur. Die Schöpfung
im weitesten Sinne bes Wortes offenbarte sich. Gleichzeitig sah
ich aber auch meine Aufgabe vor mir: groß unb schwer, fast zuviel
für den einzelnen, aber doch gerade deshalb packend unb fesselnd.
Hineinschauen wollte ich in dies vor mir liegende Buch der Erbe,
lesen lernen in den festgefügten Satzungen bes „Werbens" unb in
der Pflicht bes Erkennens der hohen Aufgabe in freubigem Willen
schaffen unb aufbauen.

    Ich sah die enorme Wirkung der Arbeit bes fließenden Wassers
in der letzten vor uns liegenden geologischen Zeit, dem Quartär, der
Auswaschungen im Massiv der Felsen, die zu den Felsschutzbächern,
den „Abris sous roches", geworben sinb. Gegenüber, am anbern
Ufer der Bézère, zeigte man mir einen gewaltigen Fels; dort hätten
in vergangenen Jahrhunberten englische Raubritter gehaust, der
Steinkoloß sei innen ganz ausgehöhlt, in zwei Stockwerke geteilt,
unb von ba aus hätten die Raubritter alle talwärts ziehenden Schiffe
überfallen unb geplündert. Ich notierte mir, was die schlichte Volks-
seele an Legenden erzählte. —

    Kaum in der ruinenhaften Ortschaft eingezogen, wurde ich zum
Mittelpunkt großen Staunens; noch nie hatte ein Deutscher unb
seit breißig Jahren kein Fremder mehr bas Dörfchen besucht! Ge-
sprächige Greise brängten sich an mich unb berichteten, wie Enbe
der fünfziger Jahre ein reicher Engländer sie „beim Suchen nach

Steinen" beschäftigt habe. Die Leutchen konnten sich nicht genug tun zum Ruhm dieses Engländers, der ihnen damals so viel Verdienst gebracht; seit seinem Weggang lebten sie karg auf ihrer Scholle. Die Reblaus hatte ihre schönen Rebgelände vernichtet und sie arm, verdienstlos zurückgelassen.

In der einzigen und schmutzigen Herberge des Orts wurde Nachtquartier und Abendbrot bestellt. Die Speisevorräte seien allerdings gering, sagte man mir, doch könne man mir ölgebackene Fische empfehlen. Die alte Wirtin hob vom Fußboden einen Klappdeckel, um mir ihren Vorrat an lebender Ware zu zeigen; verdächtig schwer löste sich die Klappe vom Rahmen, man war jedenfalls nicht gewohnt, Fische und Wasser allzuoft zu erneuern, und darum — was ich zu sehen bekam, verdarb den ehrlichsten Hunger: die Fischlein schwammen wohl sein, doch oben wie die Schifflein der Kinder und alle in merkwürdiger Art auf dem Rücken — sie stammten vielleicht auch noch aus des Engländers prähistorischer Tätigkeit! Bei Ruß und Brot und feurigem Rotwein aber stärkte ich mich und war glücklich, voller Hoffnung, nun doch dem Ziel meiner Studierstubenwünsche näher zu sein!

Als ich in der Folge die Täler durchquerte und mich orientierte an Hand von Fundstücken, die man fast aus jeder Hütte brachte, als ich die Schutthügel früherer, verständnisloser Grabungen prüfte, Versuchsstollen in die Erde trieb, Museen besuchte und die geographische Lage der einzelnen Siedelungen gegeneinander abwog und kontrollierte, da kam es wie eine Offenbarung über mich: hier ist ein Gebiet, das unendliche Arbeit fordert, hier liegt eine Terra incognita, eine unbekannte, ungeahnte Welt vor mir, die des Schweißes größter Anstrengung wert ist; hier müssen sich zur Menschheitsgeschichte gewaltige Dokumente finden!

In vielen Reisen an die verschiedensten, durch die Literatur bekannten Fundstellen klärte sich mir ein Programm; aber die äußeren und technischen Schwierigkeiten verhehlte ich mir nicht. Mir kam

2*

sofort zum Bewußtsein, daß zur Ausführung systematischer For=
schung eigentlich ein ganzer Stab von Mitarbeitern notwendig sein
würde. Am nächsten lag ein Zusammengehen mit französischen
Kollegen; doch da fand ich nur indifferentes Kopfschütteln, man
wagte sich nicht an die Lösung einer derart großen Aufgabe. Ich
klopfte an andern Orten an, das Resultat war nicht weniger ent-
mutigend. Die Materie war noch nicht verstanden, ihre Bedeutung
noch nicht erkannt, zu weit abliegend der Gegenstand und nicht klas-
sisch genug. Ich ließ mich jedoch nicht irremachen; meine Vorstudien
waren gründlich, und das mehrfach Gesehene derart packend, daß
mir ein Versagen undenkbar schien. Die Folge hat mir recht gegeben! Was niemand zu fünfen und zehnen gewagt, ich habe es
allein übernommen; ich verkannte keine Schwierigkeiten, ich dachte
nicht an klingenden Lohn — überzeugt von der erhabenen Größe
der Aufgabe, ging ich daran, sie allein zu lösen.

Zahlreiche kleinere Grabungen waren alle nur ein Tasten, ein
Suchen nach Verhältnis und Zusammenhang. —

Im Jahre 1905 hat mir mein leider allzu früh verstorbener
Lehrer, Professor Girod, vom Tal her weissagend La Micoque gezeigt: „Dort liegt eine bedeutende Siedelung, dort muß Großes zu
tun sein, dort ruht ein Geheimnis, das ich noch nicht verstehe;
trachten Sie, mein junger Freund, da zu wirken." — Ich hörte
seinen Ruf, und die Zeit hat ihm recht gegeben; die einschlägigen
Fundstücke legen heute ein glänzendes Zeugnis ab für die Bedeutung dieser Sonderkultur.

Von La Micoque aus, meiner Station Nr. 1, hat denn auch
meine eigentliche systematische Forschung ihren Anfang genommen.
Zuerst galt es, hier auf dem 5 Hektar großen Areal diejenige
Stelle zu suchen, die in ihrem Kulturhorizont wegweisend für eine
exakte Grabung werden konnte, und das war keine leichte Sache.
Ich glaubte mich zuerst auf eine kleine Pariser Veröffentlichung über
diesen Platz verlassen zu können, fand dann aber zu meiner größten

Beſtürzung alle darin angeführten Profile unbrauchbar, reine Phantaſieprodukte; nichts von allen Lageangaben ſtimmte mit der Wirklichkeit überein!

Die Schwierigkeiten mehrten ſich erdrückend, nach innen und außen. Einmal galt es, alles beweiskräftig zu widerlegen, was ſchon als Tatſache in die Literatur übergegangen war; dann zeigten ſich die Arbeiten als außerordentlich mühſelig und koſtſpielig. In ſchattenloſer Hitze arbeiteten wir wochenlang bei einer Temperatur von 54 Grad Celſius und täglich von früh 4 bis abends 7 Uhr. Die Anſiedelung war als „Freiluftſtation" bezeichnet worden, ohne Felsſchutzbach (Abri, das Haus des Urmenſchen); ich erkannte nach den erſten Wochen aus der Lagerung der „Küchenabfälle" am Fuße des Abhangs die Unhaltbarkeit dieſer Behauptung. Die Oberfläche der weitausgedehnten ſteilen Halde (Abb. 1, S. 16) war bedeckt mit Kalktrümmern, und alle darunter zutage tretenden Kulturſchichten waren im Laufe der Jahrtauſende zu einem zementharten Gemiſch von Kalkſchutt, Knochen, Feuerſteinen und Kieſeln umgewandelt worden.

Nahe der Siedelungsſohle begann ich mit Dynamit einen Stollen in der Richtung der von mir vermuteten Rückwand des Wohnplatzes vorzutreiben (Abb. 2, S. 16). Groß war die Mühe, aber glänzend das Reſultat. Die Oſt- und Weſtwände des über 15 Meter langen Stollens zeigten klar die ganze Lagerung des altſteinzeitlichen (diluvialen) Kulturplatzes, ſtellenweiſe lagen wir 9 Meter unter der Oberfläche; je weiter ich nach Nordweſten vordrang, deſto charakteriſtiſcher traten die Funde zutage. Mächtige Blöcke ſperrten den Weg; ich deutete ſie richtig als Trümmer des eingeſtürzten Felsdachs. Ein Kontrollſtollen, von außen an anderer Stelle vorgetrieben, führte auch da zu gewachſenem Felſen, der ſich in beträchtlicher Länge horizontal zu unſerm erſten Profilſtollen ausdehnte. Da fanden ſich nun ab und zu in eigentlichen Neſtern wohlverwahrt Hunderte der herrlichſten Steinkeile (Abb. 3, S. 16). Dieſe Stücke hatten noch nie Verwendung

gefunden, sie lagen alle gleichsam in Reserve verwahrt, magaziniert;
das Vorhandensein eines mächtigen „Abri" war bewiesen.

Klar stand nun meine Aufgabe vor mir: in meine Untersuchung
jetzt alle diluvialen Epochen einzubeziehen, unter Einschluß möglichst
vieler Fundplätze im ganzen Gebiet der Vézère und Dordogne.
Mühsam gelangte ich nach und nach in einem Umkreise von über
120 Kilometern in den Besitz von über dreißig, man darf heut wohl
sagen klassischen Fundstätten. Zum weitaus größten Teil waren
es noch unbekannte, nie berührte Ansiedelungen. Ich empfand das
Fehlen einer eigentlichen prähistorischen Topographie und suchte diese
Lücken in mühevoller Kartierung aller Profile auszufüllen und in
der Anlage einer übersichtlichen Siedelungskarte. So entstanden die
fünfzehn Karten meines „Périgord préhistorique" 1911. Ich schuf
eine große Demonstrationssammlung, die nicht nur typologisch die
Einschlüsse eines jeden Horizontes wiedergab, sondern auch wertvolle
Einblicke in die Entwicklung des Werkzeugs bot. Der Paläontologe
fand in den reichen Tiermaterialien (Fauna) ein lückenloses Bild der
typischen Schichteneinschlüsse. An Hand aller dieser Dokumente und
der zahllosen Photographien wurde jedem Besucher das Studium
diluvialer Siedelungsverhältnisse erleichtert.

Der erste große Erfolg meiner systematischen Arbeit war die
Entdeckung des diluvialen Menschenskeletts, des Homo Mousteri-
ensis Hauseri, im Jahre 1908. Dieser Fund ist in der ganzen
Welt Gegenstand eingehender Erörterungen geworden.

Mit dieser Entdeckung schloß gewissermaßen die erste Phase
meiner Tätigkeit.

Drittes Kapitel.

Das Lesebuch der Erde.

Die Sprache der Steinfunde. — Mannigfaltiger Ausdruck. — Der Schriftsatz im Erdenbuch. — Kulturelles aus Urmenschenzeit. — Kunst und Kultur? — Die Bedeutung der Schichten. — Ein Erlebnis: zwei Horizonte und der Homo Aurignacensis Hauseri II. 1910.

Seit Anbeginn der Grabungen lauschte ich der Sprache der Funde. Sie sind nur aus leblosem Stein, aus von Luft und Sonnenlicht arg mitgenommenem Feuersteinmaterial, aber sie haben einstmals, vor hunderttausend Jahren, in der Hand eines Menschen geruht, sie sind von diesem Menschen, der uns wesensfremd scheint, bearbeitet worden. Der Urmensch jener fernen Zeiten hat dem harten Stein seinen eigenen Willen aufgedrängt, ihn in eine Form gezwungen, die für seine Hand brauchbar schien: das Werkzeug entstand, in beabsichtigter Formgebung. Und diese Funde allein schon bringen uns dem Menschen näher. Geschickt hat er es verstanden, einzelne Flächen des Steines seinem Handballen anzupassen, und wenn er dann die gegenüberliegende Kante schärfte (durch Schlagen „retuschierte"), gewann er ein brauchbares Messer oder einen fertigen Fell- und Wurzelschaber. Nun aber liegen diese Funde nicht einzeln da — nicht isoliert, hier ein Stück, dort ein Stück —; einzeln bilden sie für uns nur Buchstaben im großen Buch der Erde; aber diese Buchstaben reihen sich aneinander, sie sind mannigfaltig, verschieden — wie heute der Handwerker vielerlei Werkzeugs bedarf — und häufen sich gerade da, wo der Mensch sie anfertigte oder benutzte. Diese Anhäufung setzt sich horizontal und vertikal im Boden fort und formt so eine ganze Schicht. Erst Lettern nur, fügen sie sich nun zum ganzen Satz, und dieser Schriftsatz erzählt uns gar mancherlei.

An einer Stelle finden wir neben großen, unbeholfenen und doch deutlich als benutzt erkennbaren Steinen eine Menge Knochen liegen. Bei näherem Zusehen erkennen wir sie alle als aufgeschlagene Röhrenknochen irgendeines großen Säugetiers; der Paläontologe — der Kenner und Bestimmer der ausgestorbenen Tierwelt — kommt und weist nach, von welchen Tieren die Knochen stammen, daß sie ursprünglich viel Mark enthielten, und wir wissen damit, daß der Urmensch aus allen diesen Knochen den nahrhaften Inhalt entnommen hat.

Kleine, feine Feuersteinspitzen können wir uns nur als Bohrer erklären, und wirklich finden wir in der gleichen Schicht bald wunderschöne Nadeln aus Knochen und Elfenbein mit einer stahlnadelfeinen Spitze und zierlich gebohrter Öse: der Höhlenmensch hat die Felle erlegter Tiere zum einfachen, aber schützenden Gewande genäht.

Ein kleiner Stein ist ausgehöhlt, sieht aus wie ein Näpfchen, und die Höhlung ist wie rötlich gefärbt — o Wunder, gleich färbt sich der Finger rot, die Farbe ist noch heute wirksam; bald entdecken wir einen kleinen Klumpen roter Erde — es ist wirklicher roter Ocker und hat dem Vorzeitmenschen zu gar mancherlei gedient. Sicher hat er sich, wie heute noch viele Naturvölker, mit solchem Ocker bemalt, geziert, wenn er ausging zum Streit mit Nachbarstämmen, wenn er liebewerbend einem Weibchen nachstellte. Aus andern Funden wissen wir, daß er seine Toten mit einer Lage roten Ockers bestreute, und diese Farbe hat oft bis auf die Knochen nachgefärbt.

Wie menschlich näher kommt uns aber jene Zeit, wenn wir Steinplatten finden, die schöne Zeichnungen damals vorhandener Tiere eingraviert tragen, und wenn wir bemerken, daß die Umrißlinien dieser lebenswahren Tierdarstellungen rötlich abgetönt sind. Der Künstler aus dem Magdalénien — einer Epoche, von der uns zwei Jahrzehntausende trennen — verrät uns plötzlich seine Liebe zum Dargestellten; er zeigt uns eine Auffassung der Linien, ein Erfassen der Stellung des betreffenden Tieres, die verblüfft. Vom rauhen Nomadenjäger, dessen kampfvolles Dasein ihm von den Witterungseinflüssen und den dadurch bedingten Abwanderungen der agdbaren Tiere aufgezwungen wurde, finden wir wahre Kunstäußerungen und verstehen nun, warum ihm schon in frühen Anfängen Regungen von Kult nicht fremd waren. Wir bewundern kunstvoll gearbeitete Harpunen aus Knochen und finden nicht weitab Vogelknochen: er hat verstanden, seinen urweltlichen Speisezettel mit leckeren Bissen zu ergänzen.

Das ist die Sprache jener Schichten. Aber sie geht noch weiter. Die Schichten haben zwei Ausdehnungen: sie gehen vertikal und horizontal, senkrecht und wagerecht. Die horizontale Schicht gibt uns Aufschluß, wie weit vor die Grotte hinaus der Mensch gelebt und gewohnt, wir sehen in ihr, wo er an jeder Stelle gearbeitet hat. An den Abfällen und fertigen Erzeugnissen prüfen wir seine mehr oder weniger große Fertigkeit in der Bearbeitung von Feuerstein oder Knochen. Der vertikale Aufbau der Siedelung andererseits lehrt uns, wie lange etwa eine Siedelung bewohnt gewesen sein muß, er gibt Richtlinien für das Verhältnis von Ansiedelungszeit und Dichtigkeit der Bevölkerung. Je genauer wir solche Schichtungsverhältnisse betrachten, desto tiefer ergründen wir Sinn und Wesen der frühen Erdenbewohner. Es sind erhebende Momente, mittendrin zu sitzen in mächtigen Schichten, wie ich sie bis zu 9 Meter Höhe schon bloßgelegt habe, zu staunen, zu sinnieren, wie der Mensch da einstens gehaust habe, und jedem kleinsten Fund seine Geschichte, seine Entstehung und seine Verwendung abzulauschen.

Ein recht merkwürdiges Erlebnis will ich bei dieser Gelegenheit erzählen. Ich grub in einer Siedelung aus der mittleren

Quartärzeit — wenn wir ihr Alter ungefähr in Zahlen ausdrücken dürften, so an die 40 000 Jahre alt; die Funde tragen alle den unverkennbaren Stempel ihrer Zeit und lassen sich unschwer in die Zeitstellung einreihen. Da deckte ich plötzlich ein Ding ab, das sorgfältig im Innern des „Häuschens", so etwa in der „guten Stube", aufbewahrt lag; aber es stimmte da etwas nicht, der Fund gehörte einer weit älteren, mehr als dreifach so alten Epoche an, und siehe — gleich daneben liegen noch zwei andere gleiche Dinger. Wie kommen die nur daher?! Sicherlich hat ihre den Bewohnern der Grotte fremde Form das Wohlgefallen der jüngeren Ansiedler erregt, die Werkzeuge fielen ihnen auf, wenn sie sie auch nicht zu verwenden verstanden. Aber als gute Beobachter und Sammler merkwürdiger Gegenstände bewahrten die Leutchen sie in ihrer Behausung und hüteten sie vielleicht als seltene Schätze. Irgendeine Vorstellung werden sie sicher mit der sorgfältigen Aufbewahrung verbunden haben. — Die technische Arbeit an diesen Fundstücken fiel auch mir sofort auf; ich erkannte wohl ihre zeitliche Stellung innerhalb der diluvialen Formenkreise, aber ihre Provenienz, ihr Herstellungsort, war mir unbekannt. Ähnliches fand sich etwa 7 Kilometer entfernt in der Grotte des Moustérienmenschen, jedoch die Technik, die Arbeitsausführung war fremd. Weil meine Höhlenbewohner aber, während ihr Abri bewohnbar war, kaum große Reisen unternommen hatten und mir von der weiten Umgebung nicht Ähnliches bekannt war, suchte ich das „Gute" möglichst nahe. Ich öffnete den Boden des „alten Hauses" und wahrhaftig — da lagen sie vor mir, die Kollegen der drei Raritäten! Da erstand vor mir in ungeahnter Vollendung eine weitere und ältere Schicht aus einer gar fernen Zeit: zwei große Erdperioden (eine Zwischeneiszeit und eine Eiszeit) trennten die beiden Ansiedelungsphasen voneinander, Jahrzehntausende lagen dazwischen. Die „oberen" Siedler hatten bei irgendeiner Gelegenheit ein wohl ein Meter tiefes Loch mühselig herausgescharrt und dabei glänzend schwarz und kunstvoll gearbeitete Feuersteine entdeckt, bie ihr Wohlgefallen erregten. Gleich zwei übereinanderliegende Horizonte (Kulturschichten) entdeckte ich so durch den Sammelsinn meiner oberen Grottenbewohner. Unb warum scharrten bie jüngeren Urmenschen bamals ein Loch? In bieſe untere Schicht betteten ſie einen Toten. Die Leichenreſte wurben aber, weil ſie bamals nicht ſorgſam genug bewacht waren, von Höhlenbären unb Höhlenhyänen burcheinandergewühlt, unb ich fanb nur noch wenige Arm- unb Beinknochen unb zerſtreute Zähne. (Homo Aurignacensis Hauseri II. 1910.)

So reihen ſich bie Lettern (bie Funbe) mit ben Sätzen (Schichten) zu einem großen, gewaltigen Leſebuch, barin Werben unb Vergehen, Aufbauen unb Abſterben in gewaltiger Sprache geſchrieben ſteht. Das Suchen unb Finden, bas Zuſammenfügen unb Aufbauen wirb zur Senſation. Das „große Leſebuch" hat ſeinen Verfaſſer: ben Menſchen. Wo aber finde ich ihn? Wie ſah er wohl aus, ber rauhe Geſelle, ber mit Höhlenbär unb Mammut im Kampf lag? Wie lebte er? Hat er einen Kult beſeſſen unb Seelenleben geäußert, unb wie folgen ſich ſeine Kulturäußerungen?

Nur wenige Skelette ſind im Verhältnis zu den Lebensäußerungen bes Urzeitmenſchen, ben Funben unb Werkzeugen, bekannt geworben, unb es waren nur Zufallsfunde ohne innern Zuſammenhang mit ben ihnen eigenen Horizonten: auch hierin mußte Licht werben. Allein nur ſyſtematiſche Arbeit, zielbewußtes methobiſches Graben in großzügigſter Anlage konnte ben foſſilen (ergrabenen, längſt ausgeſtorbenen) Menſchen im engeren Kontakt mit ſeinen zeitgenöſſiſchen Werkzeugen ober Kunſterzeugniſſen entdecken. Unb bieſes Ziel habe ich mir nicht vergebens geſteckt.

Ich greife nun in meiner Erzählung zurück, zwei Jahre vor bie Epiſobe mit ben altſteinzeitlichen „Raritätenſammlern".

Viertes Kapitel.

Der Urmenschfund: Homo Mousteriensis Hauseri.

„Menschenknochen entdeckt." — Der erste Urmensch in intakter Schicht. — Amtliche Protokollkommission. — Die deutschen Gelehrten, an der Spitze Professor Dr. Hermann Klaatsch. — Mißtrauen, Skepsis und meine Sicherheit. — Nach 140000 Jahren. — Die Hebung des Fundes. — Neandertaler! — Bestattung und Kult.

Ich kam spät abends von einer Kontrollfahrt müde und vom Regen durchnäßt zurück in mein bescheidenes Standquartier — ein primitives Häuschen, das 1826 in den Felsen eingebaut worden war, zu einer Zeit also, da man von „Höhlenforschern" noch nichts wußte (Abb. 4, S. 17). Mein Pferdchen stand im Stall und freute sich des wohlverdienten Hafers. Da kommt ein radfahrender Arbeiter einer meiner Arbeitskolonnen von Le Moustier und meldet, man habe kurz vor Feierabend einen Menschenknochen entdeckt, mitten in der frisch abgedeckten Kulturschicht drin. Kein Halten gibt's mehr! Der Regen fließt in Strömen, wie man's nur im Süden sehen kann; aber was kümmern mich Regen und Müdigkeit! Ich nehme ein frisches Pferd, und hinaus geht's in die pechschwarze Nacht.

Den Traber fest in der Hand, die 5 Kilometer langen Serpentinen über dem Beunetal hinauf und auf der andern Seite wieder 4 Kilometer in kurzen Windungen zu Tal — mit Sturmlaterne zum Fundplatz — und wirklich! Ein menschlicher Extremitätenknochen — da noch einer — ein dritter! Ein neuer Satz im Lesebuch der Vorgeschichte! Die Schicht intakt, nie berührt, seit die

alten Menschen jene Grotte vor mehr als 100000 Jahren verließen (Abb. 5, S. 17)!

Wie plagte mich die Neugier des Forschers, die Lust, zu sehen,
zu finden! Aber ich wurde mir über die Bedeutung des großen
Fundes sofort klar, obschon ja gar nicht vorauszusehen war, ob
überhaupt ein vollständiges Skelett, ob auch ein Schädel vorhanden
oder erhalten wäre. Es war das erstemal, daß aus einer völlig
intakten Schicht dieser weit zurückliegenden Epoche genau datierbare
Menschenknochen zutage traten. War das Skelett erhalten, so bedeutete der Fund eine ungeheure Bereicherung der Wissenschaft vom
Menschen. Fast wagte ich's nicht zu hoffen! Auf alle Fälle ließ
ich bis tief in die Nacht über der Stelle Erde hoch anhäufen und
sicherte so den bedeutsamen Fleck vor ungebetenen Eingriffen
Dritter. — Stand ich wirklich etwa am Vorabend des ersten
Erfolges?

Jahre schwerer Mühe lagen hinter mir. Ich achtete ihrer nicht,
nicht all der Hindernisse, die gütige Menschen mir schon fürsorglich
bereitet hatten; ob der Erfolg heute oder erst morgen, er mußte ja
doch kommen; denn meinen Boden kannte ich allzu gut, und meine
Arbeitsmethode hatte ich in Jahren geprüft und gefördert.

Mitten in der Nacht kehrte ich heim; den Fund mußte ich gesichert, seine Bedeutung blieb noch verborgen.

Erst nach vielen Wochen bekam ich eine lokale amtliche Kommission zusammen, die der weiteren Aufdeckung beiwohnen und
prüfen sollte, ob weitere Skeletteile sich fänden und ob sie auch in
ungestörter Lagerung sich zeigten.

Mit welcher Spannung ging ich in Gegenwart dieser Kommission daran, den Platz abzudecken, zu prüfen, ob auch ein Schädel
da sei! Nach Lage der zuerst entdeckten Knochen berechnete ich
die ungefähre Stelle, wo ein Schädel zu vermuten wäre, und
richtig — es gelang mir, den oberen Teil des Schädeldachs zu finden
und bloßzulegen (Abb. 6, S. 17). Die ganze Situation nahm ich

photographisch auf, ein Protokoll wurde abgefaßt, und ohne daß ich die unteren Gesichtspartien erkundete, deckte ich sofort den Fund wieder zu und sicherte ihn auf alle mögliche Art. Wieviel vom Gesichtsskelett erhalten war, konnte ich nicht feststellen, weil mir sehr daran lag, den Schädel vorläufig ganz ungestört und unberührt in seiner Schicht zu belassen. Die zeitliche Fixierung des Horizonts lag für mich fest; ebenso sicher war es, daß das Skelett in absolut ungestörter Schichtung lag; somit konnte es nur gleichaltrig mit den übrigen Funden, mit der ganzen Schicht sein, und das deutete auf ein hohes Alter.

Für die exakte Wissenschaft ist es ohne Bedeutung, ob man so große Vergangenheiten zahlenmäßig ausdrücken kann; Zahlen bleiben da immer nur relativ. Und doch gibt es ein annähernd zuverlässiges System, das Alter gewisser Erdablagerungen zu schätzen, die gleich Jahresringen abzulesen sind; mit Zuhilfenahme dieser ziemlich korrekten Berechnungen darf ich das Alter des wichtigen Skeletts mit etwa 140000 Jahren bezeichnen.

Noch nie war ein menschliches Skelett in einer Schicht von so hohem Alter konstatiert worden. Ich kam zu der Überzeugung, daß wir die Überreste eines der Neandertalrasse angehörenden Individuums vor uns hätten. Der geniale Breslauer Anatom Prof. Dr. Klaatsch hatte schon seit einigen Jahren die Führung der modernen Anthropologie übernommen; er war der beste Kenner aller bisher gefundenen diluvialen Skelettreste und hatte auf beinahe vierjährigen Forschungsreisen die australischen Rassenverhältnisse studiert. Nur er konnte für mich in Frage kommen, wenn es galt, die Kenntnisse der Entwicklungsgeschichte des Menschen selbst aus meinen Funden heraus zu bereichern.

Im März 1908 hatte ich die bedeutende Entdeckung gemacht, fünf Wochen später das Vorhandensein des Schädels konstatiert, und bis August war es mir endlich gelungen, eine Sachverständigenkommission hervorragender deutscher Gelehrten zusammenzubekommen, die sich der Mühe unterzogen, nach Südwestfrankreich zu reisen und meine Befunde zu prüfen.

Etwa 600 Einladungen hatte ich in alle Länder verschickt, leider waren es nur neun Herren aus Deutschland, die, obendrein noch mit viel Mißtrauen, herkamen; denn auch für sie war die Größe des Fundes fast unfaßbar. Doch ihr Mißtrauen schwand, nach der Bergung des Skeletts; nach der gründlichsten Kontrolle meiner Ausgrabungen wurde mir volle Anerkennung zuteil, und das Interesse an meiner Arbeit hob sich nun merklich.

An der Spitze der Kommission stand Professor Klaatsch. Eine merkwürdige Zufallsfügung war es, daß unter den andern Herren auch Geheimrat Virchow an der Hebung teilnahm, der Sohn des großen Rudolf Virchow, der ehedem die Existenz einer besondern Neandertalrasse hartnäckig geleugnet hatte! Der Inhaber des Lehrstuhls für Vorgeschichte an der Universität Berlin, Professor Kossinna, war mit dabei, und der leider zu früh verstorbene Hofrat Baelz, ein bekannter Anthropologe und Leibarzt des Mikado. Der berühmte Erforscher der Naturvölker Innerbrasiliens, Professor Dr. Karl v. d. Steinen, verfolgte die Hebung von der ethnologischen Seite und bewahrte von da ab meinen Arbeiten stets ein reges Interesse.

Noch auf dem Wege zur Fundstätte wagte Klaatsch nicht an die mögliche Übereinstimmung meines Fundes mit der altdiluvialen Neandertalrasse zu glauben; ich aber, vom Standpunkt des Prähistorikers aus, war meiner Sache ganz sicher.

Heiß brannte die Augustsonne auf die Gruppe spannend wartender Gelehrter, keiner sprach ein Wort; es war ein unvergeßlich feierlicher Moment, als ich mit den Händen die Erde sacht abhob und das Schädeldach bloßlegte. Dann traf man die Vorbereitungen zur eigentlichen Hebung. Erst sollte geprüft werden, in welchem Umfang das Gesichtsskelett noch vorhanden wäre; denn die Augenregion, Kiefer und Kinnpartie sind ausschlaggebend für die rassengeschichtliche Deutung solcher Funde.

Der Schädel (Abb. 7, S. 32) erwies sich als sehr morsch und brüchig, es war gar nicht daran zu denken, ihn als Ganzes herauszubekommen; von Überdecken mit Gips riet ich ab, ein Unterfaſſen mit Brettern war der Bodenverhältniſſe wegen nicht möglich, und so schlug ich den „anatomiſchen Abbau" vor. Wie eine Leiche im Präparierſaal ab- gebaut wird, so sollte auch hier verfahren werden: jedes Stückchen, das man hob, konnte notiert und dann nach Trocknung und Kon- ſervierung wieder zum Ganzen zuſammengefügt werden. Doch dieſem Abbau konnte nur ein tüchtiger Anatom gerecht werden, und keinen beſſern hätte ich ausfindig machen können als ge- rade Klaatſch. Er übernahm denn auch die eigentliche Hebung, während ich ihm aſſiſtierte und jedes einzelne Knochenpartikelchen regiſtrierte; daneben beſorgte ich von Moment zu Moment die photographiſchen Aufnahmen der denkwürdigen Bergung und ge- wann so ein beinahe kinematographiſches Bild aller Ausgrabungs- ſtadien.

Sorgfältig entblößte Klaatſch Teil um Teil des Geſichts: die Stirnregion wird frei, ſtark ausgeprägte Knochenwülſte über den Augen werden ſichtbar, und freudig erklärt der große Gelehrte: „Wenn auch die Kieferpartie, beſonders der Unterkiefer, solche pri- mitiven Merkmale zeigt, dann, lieber Herr Hauſer, ist Ihre An- nahme richtig, dann ſtehen wir vor dem bedeutendſten anthro- pologiſchen Fund, der je gemacht worden iſt."

Und weiter ging das mühſame Werk. Das Schädeldach lag abgehoben, die Augen und Naſenregion frei, die Zähne des Ober- kiefers zeigten sich, und welche Prachtzähne in wunderbarer Erhal- tung (Abb. 8, S. 32)! Die Bezahnung des Unterkiefers hob sich vom Erdboden ab: wieder ſechzehn wohlkonſervierte Zähne und feſt im Kiefer ſitzend; ein Fingerſtrich unter dem Unterkiefer (mandibula) — er löſt sich — er liegt Klaatſch auf der Hand — ein Freudenruf des temperamentvollen großen Forſchers, er umarmt mich: „Wir haben's gefunden, es ist Neandertal in ſeiner ganzen furchtbaren Maſſigkeit

7. Schädel des Homo Mousteriensis Hauseri, abgedeckt in der Schicht (S. 32).

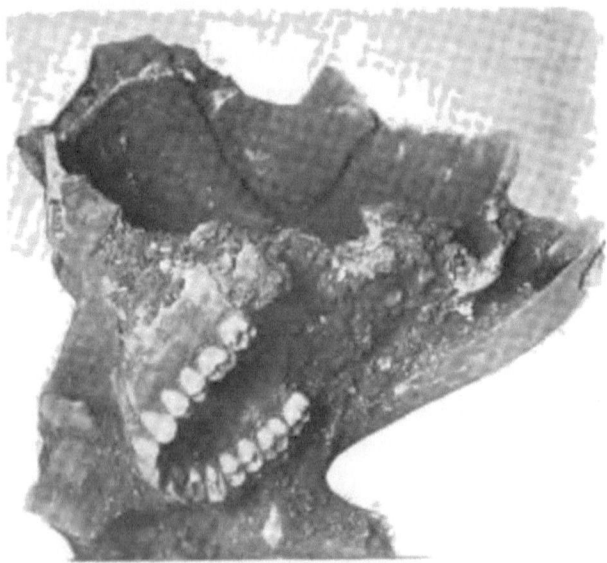

8. Oberkiefer des Homo Mousteriensis Hauseri (S. 32).

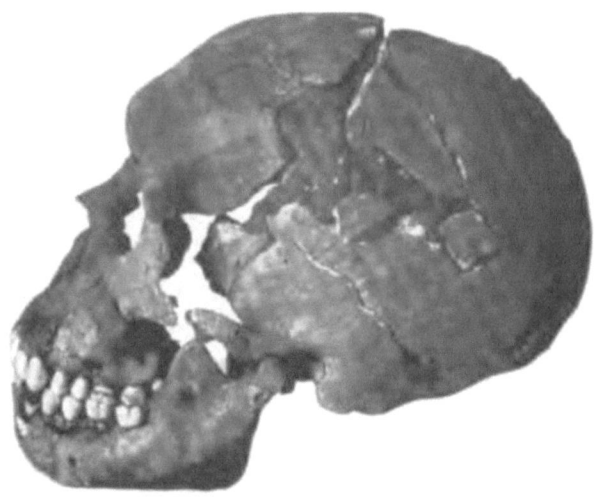

9. Schädel des Homo Mousteriensis Hauseri (S. 36).

10. Funde beim Homo Mousteriensis Hauseri (S. 34).

und Primitivität; Sie haben als Prähistoriker glänzend dia-
gnostiziert — alle Zweifel sind gehoben!"

Im grellen Feuer der mittäglichen Südsonne arbeiten wir weiter,
stumm bewegt; wir müssen sehen, was vom übrigen Skelett sonst
noch erhalten ist: das Schlüsselbein kommt, der Oberarm, massig und
plump, und dann der Radius — die Speiche (der an der Daumen-
seite liegende Unterarmknochen) — nebst der Ulna, dem Ellbogenknochen.
Das wichtigste Belegstück zur Erkenntnis primitiver Urweltrassen:
der Radius, ist stark gekrümmt, nicht grazil (gerade, gestreckt) wie
bei uns und bei unsern weniger alten Vorfahren. Kein Zweifel
mehr! Für Klaatsch eine Genugtuung, die er kaum zu hoffen gewagt: was er in mühseligen, vergleichend anatomischen Arbeiten
erreicht, was er auf mathematischem Wege berechnet, was neidvolle
Gegner ihm als Phantasterei ausgelegt hatten — es lag über-
zeugend, greifbar vor uns! Kurz vor seiner Reise zu mir hatte
Klaatsch vor den in Köln versammelten deutschen Naturforschern
und Ärzten eine ideelle Rekonstruktion eines Schädels vorgelegt,
der nach seinen Berechnungen etwa dem Aussehen des früheren
Neandertalers entsprochen haben würde. Wie in Prophetensinn
erklärte er: „Meine Herren, wenn wir je das Glück haben sollten,
einen wohlerhaltenen Schädel der Neandertalrasse zu finden, dann
muß er meiner Rekonstruktion hier ähnlich sein", und wenige
Wochen später durfte ich ihm und der Wissenschaft das bringen,
was man nur zu hoffen gewagt!

Um ungestört und unbeeinflußt arbeiten zu können, hatten wir
vorher die andern Herren ersucht, sich auf benachbarten Fundplätzen
zu betätigen; ab und zu kam freilich einer der Gelehrten und
fragte über die Umfassungsmauer hinweg nach Stand und Fortgang
der Hebung. Bald verbreitete sich die Kunde von dem großen
Fund, und sie kamen alle neugierig herbei, die Gelehrten der Kommission, und freuten sich mit uns. Der 12. August 1908 war
doch ein gesegneter Tag! Natürlich berücksichtigten wir auch aufs

genaueste die andern Funde, die rings um den toten Jüngling gelegen hatten; jedes kleinste Stückchen wurde nach seiner genauen
Lage und nach seinem Verhältnis zum Skelett protokolliert.

Aber nicht nur das Skelett als hochwichtiges Belegstück aus
der Frühzeit der menschlichen Entwicklungsgeschichte redete eine
mächtige Sprache. Das Lesebuch der Erde offenbarte uns noch viel
mehr! Alle Anzeichen sprachen dafür, daß die alte Höhlenhorde den
sechzehn- bis achtzehnjährigen Mann pietätvoll bestattet hatte. Wegzehrung in Form gebrannter Bisonkeulen, schöne Feuersteinwerkzeuge
— die schönsten seiner Sippe — lagen bei der Hand (Abb. 10, S. 33),
der Kopf des Toten war wie zum Schlaf auf eine Art Steinkissen
gebettet: unverkennbare Zeichen absichtlicher Leichenbestattung. Eine
Grabstätte aus grauferner Urzeit! Der Mensch selbst plump, mit
noch tierähnlichem Ausdruck, mit stark hervorragenden Wülsten über
den Augen, fliehender Stirn, schauerlich massigem Kiefer und ohne
Kinn; kurz und gedrungen der Körper, und der Träger dieser Knochen
noch ohne eigentliche Sprache, was aus anatomischen Merkmalen
des Unterkiefers hervorging — und doch schon regelrechte Bestattung,
Nahrungsmitgabe ins stille Grab und dienliche Werkzeuge für seine
Todesfahrt! Also Kult und lebhafte Vorstellung von lebensähnlichen
Zuständen über den Tod hinaus. In den Kulturäußerungen ist er
unendlich weit unserer Zeit entfernt; ganz einfache Steinwerkzeuge
nur liegen im Bereich seiner Ausdrucksweise, und doch besitzt er schon
Kult und Unsterblichkeitsahnen!

Fünftes Kapitel.

Werkstätte und Künstler vor Jahrzehntausenden.

Markstein und Wendepunkt. — Wieder allein im Tal der Bézère. — Neue Grabungen. — Laugerie basse oder die „untere Wohnung". — Ein Werkplatz der Magdalénienleute. — Der Urmenschkünstler. — Ein Kunstwerk aus Menschheitsmorgen.

Die eben beschriebene Hebung bildete einen Wendepunkt in der anthropologischen Forschung und einen Markstein meiner eigenen zielbewußten Ausgrabungen. Die Kommission beriet die Namengebung für den Fund und hieß den Jüngling nach dem Dörfchen Le Moustier; die Beifügung des Entdeckernamens sollte mir von berufener Seite ein Zeichen wissenschaftlicher Anerkennung sein; ich nahm's hin mit dem Vorsatz, unentwegt weiter zu schaffen. Meinem großen Freund und Meister aber, Professor Hermann Klaatsch, der mitten aus gesegneter Schöpfertätigkeit am 17. Januar 1916 jäh vom Tod dahingerafft wurde, soll ein Denkstein damit gesetzt sein, daß wir dem wichtigen Fund fernerhin auch seinen Namen anfügen, als Homo Mousteriensis Hauseri-Klaatsch. Vor der Abreise beriet die neungliedrige Kommission die Abfassung eines Protokolls und legte nach langer Erwägung die Ergebnisse ihrer mehrtägigen Kontrollstudien in einem Schriftstück nieder. Damit gaben mir führende Männer der Wissenschaft das glänzendste Zeugnis unantastbarer Gewissenhaftigkeit und des „sachgemäßen und wissenschaftlich einwandfreien Vorgehens".

Sechs Herren reisten ab, zwei Geologen blieben noch mehrere Tage und machten Studiengrabungen auf meinen Stationen.

3*

Professor Klaatsch blieb da bis zur ersten wissenschaftlichen Sichtung des Fundmaterials und zur ersten provisorischen Zusammensetzung des Schädels aus vielen hundert kleinsten Knochenfragmenten. An die wissenschaftlichen Zeitschriften und an die Presse wurden die ersten Berichte hinausgegeben und der wichtige Fund durch mich in Dutzenden von photographischen Aufnahmen für die fachmännischen Veröffentlichungen vorbereitet.

Der Jüngling aus der Acheuléenschicht von Le Moustier (Acheuléen wird eine Kulturepoche genannt, die zeitlich der dritten Eiszeit entspricht; über diese Eiszeiten und die ihnen parallelen altsteinzeitlichen Siedelungen handeln Kapitel 13 und 14) zeigte alle Merkmale der altdiluvialen Neandertalrasse. Sein individuelles Alter konnte man aus der Beschaffenheit der Gelenkenden an den Röhrenknochen und der Zahnbildung erkennen. Der Unterkiefer zeigte jene primitive Massigkeit, wie sie nur frühen Entwicklungsstadien der Menschheit eigen ist, und wies ganz besonders interessante Merkmale einstiger Kiefererkrankung auf. Der linke Eckzahn war noch nicht zum Durchbruch gekommen, er steckte tief im Kiefer drin, und rund um diesen zurückgebliebenen Eckzahn war der Knochen befest. Der Jüngling muß an einer bösen Kieferkrankheit gelitten haben, die vielleicht von einem heftigen Schlag, den ein wildes Tier ihm versetzt hatte, oder durch einen Sturz von beträchtlicher Höhe verursacht worden war. Jedenfalls zeigte sich die ganze linke untere Kieferhälfte deformiert und im Vergleich zum rechten Kieferast im Wachstum behindert. Es ist gar nicht ausgeschlossen, daß diese Kiefererkrankung mit eine Ursache des frühen Todes des Jünglings gewesen ist.

Nachdem dann auch Professor Klaatsch mein Dörfchen verlassen hatte, wurde es still um mich. Auch von dem Jüngling von Le Moustier mußte ich mich verabschieden; Klaatsch nahm den wertvollen Fund auf die Breslauer Anatomie mit, wo er ihn später präparierte, zusammenstellte (Abb. 9, S. 33) und wissenschaftlich bearbeitete.

Tage großer Spannung, erwartungsvollen Bangens lagen hinter mir. In Tischreben war auf den nächsten Fund angestoßen und Klaatsch bestimmt worden, die Bearbeitung auch etwa noch weiter zu findender menschlicher Überreste zu übernehmen.

Wenn man in langen Jahren unverdrossen einem Ziel zustrebt, beharrlich seine Pflicht erfüllt, so regen Tage eines solchen Erfolges, wie die Entdeckung des beschriebenen Fundes, zu stiller Einkehr an. Man überrechnet seine Erwartungen, sieht auch die überwundenen Schwierigkeiten, prüft sein neues Programm und gewinnt zum Schluß die ganze Schaffensfreudigkeit wieder, weil doch schließlich ein Erfolg geblüht hat. Der Blick hat sich geweitet, und man darf sich neue Ziele stecken, wenngleich zu deren Erreichen nur harte, methodische Arbeit führt! —

Nicht weitab vom Ufer der Bézère erstrecken sich, weit ausladend, große Felspartien, unter deren schützendem Dach einstmals mehrere Horden altsteinzeitlicher Höhlenbewohner gelebt hatten. Der Lokalname heißt Laugerie basse (die „untere Wohnung", Abb. 11, S. 48). Hier hausten gegen Schluß der sogenannten Quartärzeit (Diluvium, Eiszeit, in der sogenannten Magdalénien-Epoche) Leute, die sich in ihrem Körperbau und ihren Lebensäußerungen weit über die Rasse von Le Moustier erhoben. In meinem nächsten Buch werde ich mehr über diese rassengeschichtlichen Probleme verraten und auch versuchen, den Weg festzustellen, auf dem die verschiedenen Völkerschaften nach dem südlichen Europa gekommen sind. Hier wollen wir uns vorerst nur mit ihren Kulturäußerungen beschäftigen, ihre Wohnung betrachten und ihr Leben und Treiben schildern.

Die Lokalität der „unteren Wohnung" hatte schon früher Ausgräbern reiche Ausbeute an Feuerstein- und Knochenwerkzeugen, gravierten Steinplatten und Knochen geliefert. Ich übernahm den ganzen noch unberührten Teil und fing an, sorgfältig die Erdoberfläche abzuheben. Schon bei einer Tiefe von 25—30 Zentimetern kamen die ersten Werkzeugfunde zum Vorschein, kleine Schaber, Bohrer und

Messerchen aus Feuerstein. Ich stieß auf einen großen Felsblock, den ich ringsum von Erde freilegte (siehe Titelbild). Die ganze Ober- fläche des 2,8 Meter langen Steins war über und über mit Schlag- spuren bedeckt; man sah deutlich, daß auf dem Stein gehämmert worden war. Ich grub weiter und fand viel Knochenwerkzeug: Nadeln und Pfriemen, Dolche, kleine Zeichnungen auf Geweihstangen vom Renntier und auch durchbohrte Zähnchen und Knochenstückchen, die, als Anhängsel auf eine Lederschnur gereiht, einstmals die Herrin der Höhle geschmückt haben mochten. Der Block ging 1,5 Meter tief und war über einen Meter hoch. Nach und nach legte ich kleine Steine bloß, die alle rund um den großen gelagert waren, und sie alle — ihre Zahl stieg auf vierzehn — zeigten ebenfalls deutliche Schlagspuren. Zu Füßen der Steine stieß ich auf zahlreiche unbe- arbeitete Knochen von Renntier und Bison. Feuersteinmaterial lag nur wenig herum, auch keine angekohlten oder zur Markgewinnung aufgeschlagenen Knochen: wir waren hier somit nicht an einem Herd- platz, an dem die Mahlzeiten eingenommen wurden, und auch nicht an einer Werkstelle für Feuersteininstrumente. In auffallender Menge traten fertige und angefangene Knochennadeln, Pfriemen, Pfeilspitzen und Dolche in die Erscheinung, und das ganze Fundinventar verriet geschickte und geübte Verfertiger.

Eine zweite Arbeitergruppe deckte, sechs Meter von dieser Stelle entfernt, auch eine Art Werkplatz ab, aber da deutete das starke Vorkommen von Feuersteininstrumenten, angefangenen, fertigen und mißratenen Messern, Schabern, Bohrern und Kratzern auf „Stein- arbeiter". Unser großer Felsblock aber bildete unfehlbar den Mittel- punkt einer riesigen altsteinzeitlichen „Schnitzereiwerkstätte", in der geübte Meister und Gesellen ihr Handwerk betrieben. Die Feinheit der Ausführung eines jeden einzelnen Objektes war erstaunlich; rund um den großen Block, ihn selbst als Werkbank benutzend, hockten damals die Schnitzer. Vierzehn Mann saßen um den Stein und benutzten teilweise auch ihren Sitz als Amboß. Ein Farbereibstein lag neben ihnen, dem sie jedenfalls roten Oder entnahmen, um besonders schmucke Knochengeräte zu zieren.

Ein hervorragend begabter Künstler saß auf einem kleinen Stein, abseits von den Knochenschnitzern, fünf ganze Meter von seinen Kollegen entfernt. Seine Aufgabe sah er in wichtigeren Dingen als im Schneiden von Harpunen, im Bohren von Nadelösen und Spalten von Knochen zu kleinen Pfriemen und Dolchen. Er war ein richtiger Naturforscher, der auf seinen Streifzügen gar manches große Tier belauscht hatte. Nicht weit von seiner Behausung entfernt wechselten allabendlich ganze Rudel von wilden Pferden und ab und zu einige Urstiere zur Tränke an den Fluß. Über den Felsen lagen weitausgedehnte Hochebenen, die mit kräftigem Unterholz bestanden waren — das rechte Paradies für allerlei Getier. Da hat unser Künstler-Naturforscher eines Tags auf der Lauer gelegen, und sein staunendes Auge sah nicht weit weg einen großen Höhlenbären gemütlich seinem Unterschlupf zutrotten — ein kleines Steinchen fiel neben dem Träumer nieder — es kam von der Felskuppe, die an die 100 Meter über ihm ragt —, wo behend und elegant ein Steinbock von Absatz zu Absatz sprang. Das Jägerblut rollt stärker in ihm, aber er hat keine weittragende Waffe bei sich; denn sein Schleuderstock barst, als er auf eine Antilope angelegt hatte. So wandelt er traurig heim und findet in der „unteren Wohnung" seine Gespielen und Brüder an der eifrig betriebenen Arbeit. Der Abend dämmert bald, die Luft kühlt merklich ab, darum lassen sie sich durch ein lustig glimmendes Feuer aus bloß einem Meter Entfernung wärmen — nach Jahrtausenden legte ich diesen Herd des Lagerfeuers frei (s. Titelbild, an der Stelle der weißen Tafel).

Mit Hohnlachen wird der Träumer in der Grotte empfangen — ohne Waffe und Beute kehrt er heim. Er wendet sich darum weg und setzt sich abseits — ein nutzloses Glied der Horde, kauert er am Boden und sinnt. Da — ein langgezogener Schrei vom jenseitigen Ufer des Flusses — er sieht in der sinkenden Dämmerung ein Mammut, das wutschnaubend den gewaltigen Rüssel erhebt und ein feindliches, huschendes Etwas verfolgt. Des einfachen Menschen Denken ist einfach und nicht kompliziert; was er schaut und begehrt als schließliche Beute, das sieht auch im Traum sein inneres Auge, und der Eindruck des Tages — den die andern als verloren verhöhnen — wird ihm immer lebendiger. Vor ihm liegt ein Kalkstein (Abb. 12, S. 48, und Titelbild), so an die 55 Kilogramm schwer und mit einer zufällig glatten Oberfläche von 52 auf 45 Zentimeter; den schiebt er zu sich heran, nimmt aus der Falte des Tierfellgewands ein an der oberen Spitze abgeschrägtes Feuersteinwerkzeug und fängt an, auf den Stein Linien einzuritzen. Aber nicht wahllos sind seine Striche: ihm haften im geistigen Auge so deutlich die Körper der freien Tiere, die er vor Stunden und seit Anbeginn seines Denkens gesehen, daß er unschwer und mit sicherer Hand sie dem Stein einprägt (Abb. 13—18, S. 49).

Scharf umgrenzt entsteht der gemächlich ausschreitende Bär (Abb. 13), der sich unbelauscht glaubt und ruhig zu seiner kleinen Familie trottet, den Kopf leicht geneigt, den wohlgenährten Körper ruhig auf den Beinen wiegend. Mitten auf der Steinplatte ist er nun, doch des Zeichners Phantasie arbeitet rascher: er erinnert sich des Steinbocks (Abb. 14), der mit stolzem, knotigem Gehörn von Felsklippe zu Felsklippe setzte, und im Nu ist auch er auf den Stein gebannt; die Füße zeichnet er nicht, ihrer achtete er weniger, aber die Haltung von Leib und Hals, den stolzen Kopf mit der Wehr hat er erfaßt und prachtvoll wiedergegeben. Des Urstiers (Abb. 15) erinnert er sich, den er an der Tränke gesehen, da wo ein kleines Bächlein sich in die Vézère ergießt, und hurtig zeichnet er auch ihn. Der Kopf des Stiers ist gesenkt, als ob er zum Angriff ginge, der Körper so lebenswahr, wie ihn nur ein Künstler zu geben vermag. — Die Antilope (Abb. 16 und 17) gaukelt ihm vor, doch seine Sippe hat solch Wild noch nie bekommen; er selber sah das leichtfüßige Tier heute zum erstenmal, und in der Erregung brach ihm die Schleuder! Darum gelingt ihm nur der Kopf, das Gehörn wird zum „Einhorn", etwas bizarr, und schon wechselt das Bild!

Fläche hat er nicht mehr auf dem Stein — dennoch zeichnet er weiter; er setzt die Tiere über- und untereinander. Das Pferd (Abb. 18) ersteht seinem Auge, so wie er es, verscheucht von der Tränke, erschreckt vom sprungbereiten Höhlenlöwen, in vollem Galopp sich retten sah; auch dieses Bild ist ihm wohlgelungen. Allein sitzt er am flackernden Feuer, seine Brüder sind weg, sie gehen zur Jagd, um die Beute zu holen, die der Träumer versäumte; er kritzelt weiter am Stein und läßt ihn dann liegen — ihm scheint der Tag unnütz verbracht, weil er nutzlos die Zeit verlor, und er sucht verschüchtert ein Nachtlager — abseits seiner Genossen.

Uns aber hat der einfache Künstler ein Prachtwerk geschaffen; es bietet uns Kunst und wertvolle Handhaben zu zoologischen Studien; denn alles, was der tote Stein uns zeigt, ist Leben, wirkliches Leben und Sein vor fünfundzwanzigtausend Jahren. Sechs Tiere hat der Träumer vollendet — ein Pferd im Galopp, 29 Zentimeter lang, einen Bären, 25 Zentimeter lang, einen 30 Zentimeter langen Bison, einen Steinbock mit 27 Zentimeter Ausmaß, zwei Antilopen von 20 und 23 Zentimetern und drei andere Tiere, die in der Zeichnung nur angefangen sind. Welche Fülle der Gedanken offenbart sich uns da aus einer so fernen Zeit, welche Riesenbuchstaben im Lesebuch der Erde und im Werdebericht der Menschen! Es ist erhabene „Schöpfung" und verheißungsvolle Entwicklung!

In den Werkstätten der „unteren Wohnung" sehen wir eine geordnete Arbeitsteilung, Spezialisierung des Handwerks, eine reinliche Scheidung in gewöhnliche Steinschläger, geschickte Knochenschnitzer und abseits vom Wege träumende und schaffende Künstler

Darum liegt gerade in der Erforschung unserer Urzeit das große Moment der Umbildung zu dem, was wir gemeinhin „Kultur" nennen.

Wir dürfen und sollen hinabschauen in jene Zeiten, die weit vor uns liegen, und dort finden wir die Anfänge des „Aufbauens", den Schlüssel zum „Heute" und den Mut zum „Morgen".

„Ein Mensch ist nicht mehr als ein anderer, wenn er nicht mehr tut als ein anderer" heißt's im Don Quichote.

Sechstes Kapitel.

Die Entdeckung des Homo Aurignacensis Hauseri.

Die Lebensweise der rauhen Moustierleute. — Von der Moustierkultur zur Magdalénienzeit keine unmittelbare Entwicklung. — Verschiedener Ursprung. — Zwei Rassen, vielleicht ein Zwischenglied? — Combe Capelle. — Seltene Schichtenfolge. — „Der braune Stein." — Homo Aurignacensis Hauseri.

Bei der Betrachtung des Lebens, das der Horde des Moustier= jünglings eigen war, kommen wir beinahe zu dem Gefühl, als läge dort ein Ruhepunkt, ein weltferner Pol, eine ruhige Primitiv= kultur, als sähen wir dort Menschen mit wenig Bedürfnis und tierisch einfachem Instinkt. Einfach ist ihre Behausung, ihr Waffen= und Werkzeuginventar beschränkt sich auf vier Formen (ich meine die in einem späteren Buche zu schildernden Funde der zur Acheuléen=Epoche gehörenden vier Werkzeuge; Faustkeil: coup de poing, Fellkratzer: racloir, scheibenförmiger Rundschaber: grattoir disque und das Klingenmesser: lame levallois); von irgendeiner Kunstäußerung kennen wir nichts. Die rauhen Jäger haben sicher auch einfache Baumäste zu Knütteln verwendet, haben feste Jungstämme zu Spießen und Dolchen geschabt. Das Klima war unwirtlich, die Vegetation arm und beschränkt und damit der Daseinskampf un= endlich erschwert. Wir können keine merkliche Geistesentwicklung nachweisen; denn in dem Fundmaterial der jener Epoche folgenden Kultur (dem Moustérien) haben wir im Gegenteil eine verminderte Technik, eine Dekadenz der Formgebung vor uns.

Was wir von der Laugerie basse sahen, stellt keine direkte Entwicklung aus dem Leben der Moustier=Ahnenreihe dar. In der

„unteren Wohnung" ist eine hohe Kultur, und eine derart sprunghafte Entwicklung vom Primitivsten zum Künstlerträumer ist logisch
nicht denkbar. Der anatomische Bau der Neandertal-Moustierrasse,
die Schädel- und gehirnanatomischen Befunde sind anderer Art als
bei den Jägernomaden der Laugerie basse; das lesen wir aus den
körperlichen Überresten der Magdalénienleute von Laugerie basse
und der Siedelung Cro Magnon in Les Eyzies. Doch diese
schwierigen Probleme behandle ich später.

Eine sprunghafte Entwicklung ist in dieser Materie nicht denkbar, und wir besaßen ja auch bereits Werkzeuge, die einer oder
mehreren Zwischenstufen anzugehören schienen. Wo war nun diese
„Zwischenrasse", dieses Glied in der Reihe der Vorfahrenentwick-
lung zu suchen? Wie sah wohl diese Rasse aus? Und was könnte
sie uns lehren?

Solche Fragen beschäftigten mich Tag um Tag, und sie zu
ergründen mußte meine nächste Aufgabe sein. Die mit vielen
Mängeln behaftete Literatur konnte mir keine Richtlinie geben, und
Fachgenossen gab es nicht, die weitumfassende Ausgrabungen schon
mit Erfolg ausgeführt hatten. Es galt allein zu suchen! Im
Departement Dordogne durchforschte ich alle in Betracht kommenden
Gebiete; ich grub im Departement Corrèze und ging überall mit
System und Ausdauer ans Werk. Immer vertrauter machte ich
mich mit dem Leben und Schaffen der Vormenschen, spürte den in
den Bodenfunden liegenden Äußerungen ihrer einstigen Betätigung
nach und schuf mir so einen sicheren Blick und ein voraussetzungs-
loses Urteil.

In einem weltverlorenen Seitentälchen der Dordogne reizte
mich die Nachprüfung einer von den Franzosen als unfruchtbar auf-
gegebenen Niederlassung. Hier in Combe Capelle (Montferrand-du-
Périgord) habe ich zum erstenmal einwandfrei die Schichtenfolge fünf
verschiedener Siedelungsepochen konstatiert und dann am 26. August
1909 den Homo Aurignacensis Hauseri, den zu einer andern

Rasse gehörigen Steinzeitmenschen, entdeckt. Am 11. September 1909 fand, wiederum mit Professor Klaatsch zusammen, die Hebung des ausgezeichnet erhaltenen Skeletts statt. Damit trat zu den alten Menschenrassen vom Neandertal- und Cro-Magnon-Typus eine neue, die Rasse von Aurignac, mit außerordentlich wichtigen Einblicken in den Entwicklungsgang der Menschheit.

Wie sich dieser zweite große Markstein im Felde meiner Forschungstätigkeit setzte, will ich im folgenden erzählen.

Von meinem Standquartier der Laugerie haute (der „oberen Wohnung") etwa 38 Kilometer entfernt, in südlicher Richtung, liegt eine kleine verschlafene Ortschaft: Montferrand-du-Périgord. Das Dörschen steigt steil an der südlichen Halde an, gekrönt von einem alten, verlassenen Herrensitz. Weitab vom großen Verkehr liegt der Ort, schon halb aufgegeben von seinen Einwohnern, die sich leichteren Gewinn in den großen Städten des Landes gesucht haben. Auf einer Bergkuppe, 40 Meter über der Talsohle, hatte der ortsansässige Mühlenbesitzer Steinwerkzeuge gefunden. Die Lokalität heißt Combe Capelle (Bergkapelle), obschon dort nie irgendeine geweihte Stätte oder ein heidnischer Tempel gestanden hatte. Und doch liegt in derartigen Ortsbenennungen oft ein Hinweis auf Überlieferungen, deren Ursprung tief in die Vergangenheit zurückreicht. Die Berglehne ist beinahe kahl, trägt kümmerliche Vegetation und wird meist nur von jugendlichen Schafhirten mit ihren Herden begangen (Abb. 19, S. 52). Aber die merkwürdigen Steinfunde, die man dort oben ab und zu hob, mögen dem Platz zu seinem mystischen Namen verholfen haben. Die Lage der Siedelung entsprach so recht den Anforderungen, die die Eiszeitmenschen an ihre Behausungen zu stellen gezwungen waren. Die Grotte mußte geschützt sein gegen die kalten Nord- und Westwinde und offen liegen gegen Süden oder Osten. In der Nähe jeder Niederlassung findet sich stets eine Quelle oder ein Flüßchen, und Jagdgründe gab es auf den Höhenzügen genug. So ist Combe Capelle gegen Süden offen, und an ihrem Fuß schlängelt sich ein munteres Bächlein, die Couze; auch der Zugang zur Halbhöhle von Südwest her ist nicht allzu beschwerlich.

Durch Pachtvertrag brachte ich den Platz an mich und begann am 8. Februar 1909 mit der Anlegung eines Versuchsstollens. Frühere Ausgräber hatten da übel gehaust, recht unsachlich gewühlt, und es dauerte lange Tage, bis der alte Schutt weggeräumt und die unberührte Kulturschicht gefunden war. Das ehedem schützende Vordach der Felswohnung war abgestürzt, und die schwersten Blöcke bedeckten weithin den Boden. Doch auch da wurde schließlich Ordnung.

Combe Capelle gehört zu den außerordentlich seltenen altsteinzeitlichen Niederlassungen, die mehrmals und von verschiedenen Horden besiedelt gewesen sind. 50 Zentimeter unter der Humusschicht zeigten sich die ersten Funde, die zu der jungdiluvialen Kultur des Solutréen (Schicht I) gehörten (Abb. 21 und 22, S. 53). Solutréen liegt zeitlich vor der aus der Laugerie basse beschriebenen Ausgrabung der Magdalénienstufe.

60 Zentimeter tief zog sich diese Schicht hin und brachte recht schöne Werkzeuge und Waffen der zugehörigen Periode. Dann lag 30 Zentimeter mächtig nur Erde, und erst darunter kam eine neue Schicht (II) zum Vorschein, die wiederum einer noch älteren Ansiedelungszeit angehörte, dem oberen Aurignacien. Es hat also zwischen diesen beiden Schichten eine Zeit gegeben, während welcher die Stelle nicht besiedelt gewesen ist. Man nennt solche Horizonte steril, unfruchtbar, weil sie naturgemäß keine Funde liefern können. Jahrhunderte lag die Wohnung leer, bis neue Wanderstämme die geschützte Ecke wieder entdeckten. Die Zeit des Aurignacien (der Name ist hergeleitet von einer Fundstelle Aurignac im Departement Haute Garonne) kann in drei Entwicklungsstufen getrennt werden: unteres, mittleres und oberes Aurignacien; nicht selten finden sich zwei der Phasen auf der gleichen Stelle über-

einandergelagert vor. In Combe Capelle waren Angehörige aller
drei Stufen anwesend, und so fand sich bald unter der oberen
Aurignackultur wieder eine sterile Schicht von 15 Zentimetern, die
dann das mittlere Aurignacien (Schicht III) von 25 Zentimeter
Mächtigkeit überdeckte. Etwa 15 Zentimeter fundlose Erde leitete
über zum unteren Aurignacien (Schicht IV).

In der Geschichte einer so alten menschlichen Wohnstätte reden
solche sterile Schichten eine mächtige Sprache. Wir wissen aus der
Beobachtung der Natur, daß sich in einer gewissen Anzahl von
Jahren eine bestimmte Schicht von Humus bildet. Wir könnten
also, wenn wir in einer Altsteinzeitwohnung eine lange nicht besiedelt gewesene Stelle vorfinden, ungefähr berechnen, wie weit
sie von unserer Zeit abliegt und wieviel Jahre zwischen ihr und der
nächstjüngeren Niederlassung verstrichen sein müssen. Dabei gilt es
aber zu berücksichtigen, daß z. B. 1 Zentimeter sterile Schicht nicht
etwa einem Zeitraum von soundso viel Jahren entspricht, sondern
daß in diesem Falle der Altersunterschied zwischen beiden Kulturschichten weit größer sein muß.

Die Erdschicht, die wir heute beispielsweise als nur 1 Zentimeter mächtig messen können, ist durch den Druck der überlagernden Massen und. ganz besonders der über ihr liegenden Steinblöcke beträchtlich zusammengepreßt worden. Die Altersberechnung
einer solchen sterilen Schicht kann also nur in Berücksichtigung der
höher lagernden Gewichtsmassen und dann auch nur relativ angenommen werden. Es ist also ein großer Irrtum, wenn etwa
angenommen wird, eine fundlose Schicht von nur 10 oder 15 Zentimeter Mächtigkeit deute auf ein ganz geringes Alter. Der sterile
Humus kann ursprünglich, d. h. vor dem Absturz mächtiger Fels-
massen vom Felsschutzbach, ganz gut mehr als einen Meter betragen
haben.

Etwa 15 Zentimeter sterile Erde führte nun hinab zur neuen
Schicht des unteren Aurignacien, das 30 Zentimeter mächtig war.

Darunter schloß sich dann stellenweise noch ein weiterer Horizont an, aus dem nächstälteren Moustérien. Fünf verschiedene Siedelungsperioden hatte somit diese Stelle gesehen, und in ihr waren lange Jahrtausende hindurch die merkwürdigsten Menschenkinder aus und ein gegangen.

Sechs Monate nach Beginn der Ausgrabungen, am 26. August 1909, meldeten mir nachmittags 3¾ Uhr meine beiden ersten Vorarbeiter telegraphisch: „Wenn möglich sofort kommen, Schädel gefunden Schicht vier, haben nichts berührt, treffet Maßregeln." Ich war an jenem Tage bis spät in den Abend hinein mit Schichtenstudien und Profilaufnahmen auf einer in entgegengesetzter Richtung, 80 Kilometer entfernt liegenden Ausgrabungsstelle beschäftigt gewesen. Zu Hause angekommen, fand ich das Telegramm, das begreiflicherweise Spannung und Freude auslöste.

Es war zu spät, in der gleichen Nacht noch zur Fundstelle zu eilen; auf die Zuverlässigkeit meiner ersten Arbeiter konnte ich mich absolut verlassen. In vielen Jahren hatte ich sie geschult, ihr Interesse geweckt, sie an langen Regenabenden in die Fachliteratur eingeführt und ihnen alles erklärt, Fragen gestellt und beantwortet. So brachte ich diese Vorarbeiter dazu, genau zu beobachten und zu verstehen, daß man an der und der Stelle gewisse Vorkommnisse ganz besonders zu prüfen habe, daß der oberste Grundsatz meiner Mitarbeiter der sei, nicht nur um der Funde selbst willen zu graben, sondern weit mehr noch um der sie begleitenden Umstände willen. Die Leute lernten auf diese Weise kritisch vorgehen und schätzten dann oft ein unscheinbares und gebrochenes Werkzeug mehr, wenn es in wissenschaftlich wichtiger Lagerung gefunden war, als das schönste Prunkstück. Stets habe ich auch alle nur denkbaren Stichproben auf die Zuverlässigkeit der mit der Aufsicht betrauten Männer angestellt und nichts versäumt, sie von der absoluten Notwendigkeit exakter Arbeit zu überzeugen. Die Grundeigentümer waren nicht immer geneigt, den auszugrabenden

11. Ansicht der Laugerie basse (S. 37).

12. Der gravierte Stein (S. 40).

13—18. Einzelbilder vom gravierten Stein (S. 40, 41).

Komplex Land zu verkaufen oder ihn mir auf langjährige Pacht zu überlassen; manche Pachtverträge konnten nur kurzfristig abgeschlossen werden. Dadurch war ich gezwungen, ab und zu an zwei Orten zu gleicher Zeit schürfen zu lassen. Es hat das immer ohne jede Beeinträchtigung wissenschaftlicher Beobachtungen geschehen können; denn nur drei bis vier erprobte, tüchtige Leute durften in der Schicht selber arbeiten, an jeder Stelle nur zwei, und immer hatte jeder von mir ein ganz bestimmt umschriebenes Pensum zu erledigen; ein gewisser Schichtteil mußte bloßgelegt und über eine vorgeschriebene Ausdehnung durfte nicht hinausgegangen werden. So konnte ich meine Zeit in zwei Grabungsstellen teilen und war mit Wagen und Pferd, später mit einem Automobil, immer rasch wieder zur Stelle.

Ich durfte also den neuen Fund getrost über Nacht der Obhut meiner Vertrauensleute anheimstellen. Im voraus wußte ich, daß sie von dem entdeckten Schädel unter keinen Umständen mehr bloßgelegt hatten, als eben nur gerade notwendig war, um ihr Telegramm zu begründen.

Die dritte Morgenstunde des folgenden Tages sah mich schon unterwegs, und kaum dämmerte der Tag, als ich mit meinem treuen Traber im entlegenen Montferrand eintraf. Die Fahrt auf einsamen Wegen, zum großen Teil durch unbewohnte Gegenden und stundenlang durch Kastanienwälder, gab mir Gelegenheit, über die werdende Bedeutung dieses neuen Fundes nachzusinnen. Nach Sachlage der Schichtverhältnisse schien es mir sehr unwahrscheinlich, daß wir auf einen zweiten Neandertalmenschen kämen. Wohl barg der Horizont IV noch recht viel prägnantes Material an wirklichen Moustiertypen, allein es herrschten doch stets die Artefakte des zeitlich am nächsten liegenden Aurignacien vor, und nicht selten fanden sich auch schon Dokumente der Knochenbearbeitung und der beginnenden feineren Schmuckindustrie: durchbohrte Muscheln und Zähne. Eine Bestattung aus später paläolithischer oder gar neolithischer

Epoche war von vornherein ausgeschlossen; denn im Verlauf der Ausgrabungen hatten sich die, die einzelnen Niederlassungsperioden scharf trennenden, sterilen Schichten immer als völlig intakt erwiesen. Es konnte sich somit nur um eine ganz neue Sache handeln: um eine Übergangsform, insofern eine solche anthropologisch möglich war, oder sonst um den ersten bis dahin noch unbekannten Vertreter der Aurignacienkultur. Traf diese letztere Annahme zu, dann konnte die Kenntnis vom diluvialen Menschen ungeheure Bereicherung erfahren; denn, da die Industrie des Aurignacien so grundverschieden ist vom Moustérien, einen völlig selbständigen Charakter, und nicht etwa bloß eine Entwicklung aus dem Moustérien verrät, können auch die Träger dieser Kultur nicht mehr vom neandertaloiden Habitus sein. Mit welcher Spannung erklomm ich die steile Halde, um recht bald einen klaren Einblick in das neue Problem zu erhalten!

Sichtlich erfreut begrüßten mich meine Arbeiter, deren Stolz es immer war, ihrem Patron etwas recht Schönes zu finden, und die sich bei meinen Kontrollgängen gegenseitig überboten, mir die besten Funde zu zeigen. Der Platz, wo sie am vorhergehenden Abend die „Wölbung eines menschlichen Schädels" gesehen hatten, war 2 Meter hoch mit Erde und Steinen bedeckt. Einer der Arbeiter hatte sich lange umsonst bemüht, einen „dunkelbraunen Stein" mit dem Pickel zu heben; er griff zu unserm Universalinstrument, dem Kratzer, um das Hindernis rings zu lösen, als er erschrocken in die Höhe schnellte: „Ein Mensch, ein Mensch!" Schnell wurde der „falsche Stein" zugedeckt, gesichert und mir telegraphiert; die Leute begannen, meinen früheren Weisungen gemäß, 6 Meter von der Fundstelle weiter zu arbeiten, um auf keinen Fall die Erde im Gebiet des Schädels zu stören.

Nach Abhebung des am Entdeckungstage aufgeführten Schutzwalles sah ich den „schönen braunen Stein" nun auch so.

Die gute Erhaltung dieses „braunen Steins" war ein Glück, sonst hätten ihn die Pickelhiebe meines Arbeiters gründlich zerstören

können. Bei der behutſamen weiteren Bloßlegung des Schädels
kam zu meinem Erſtaunen eine durchlöcherte Muſchel zum Vor-
ſchein und in raſcher Folge noch zehn weitere.

Die Stelle, wo ich den Schädel konſtatiert hatte, ſchütteten wir
gut und ſicher mit Steinen und Erde zu. Meine beiden Ver-
trauensmänner blieben am Platze beſchäftigt.

Ich hatte genügende Belege geſammelt, daß der vorliegende
Foſſilfund nichts gemein habe mit dem Homo Mousteriensis vom
Jahre 1908. Zugleich konnte ich mit der vollen Überzeugung,
daß wir wieder vor einem großen anthropologiſchen Fund ſtanden,
meinem hochverehrten Meiſter, Herrn Profeſſor Klaatſch, telegraphiſch
Nachricht geben und ihn bitten, ſeine ſchon beim vorjährigen Funde
bewährten Dienſte auch der neuen Entdeckung zu widmen.

Am ſechzehnten Tage nach der Entdeckung des Fundes traf
Klaatſch aus Breslau ein. Ich holte ihn frühmorgens 4 Uhr am
nächſten größeren, 44 Kilometer entfernten Bahnhof von Périgueux,
der Hauptſtadt des Departements Dordogne, ab, und im Automobil ging es durch die felderbeſäten Ebenen nach dem Tal der
Bézère, zur ſtillen Laugerie haute.

Zum zweitenmal hielt der große Forſcher hier ſeinen Einzug,
als Sieger kam er, als Wahrheitsverkünder, der denkenden Menſch-
heit ein Deuter ihrer Vergangenheit. Der Zugang zu ſeinem
Zimmerchen in der Felswohnung war bekränzt, und das „Will-
kommen", das ein lieber Schweizer Studiengaſt — der Direktor
des Naturhiſtoriſchen Muſeums St. Gallen, Emil Baechler — eilends
auf Pappe gemalt, war uns allen treu aus dem Herzen geſprochen.
Der Arbeitstiſch des Gelehrten trug einen einzigen Schmuck: den
Abguß des vorjährigen Homo Mousteriensis, um deſſen Stirn
wir ſchlichten Lorbeer gelegt, und neben ihm lag ein Schädelmeß-
inſtrument. Klaatſch verſtand die beſcheidene Widmung, und heute
noch ſehe ich ihn, wie er, tief bewegt, hinaustrat aus dem Felſen-
zimmerchen, auf die erhabene Landſchaft deutete, auf die hochragenden

4*

Felsbächer, unter denen die Zeugen der Vergangenheit uns lehren und bilden.

Wir hatten die Bedeutung des kommenden Fundes schon gesprächsweise erwogen, die Lageverhältnisse hatte ich erklärt und meine Ansicht begründet, daß wir vor einer neuen anthropologischen Tatsache stünden. Die letzten Vorbereitungen zur Weiterfahrt wurden getroffen, und ohne sich Ruhe zu gönnen fuhr Klaatsch, so recht im vollen Sinne des Wortes, von Breslau ohne Unterbrechung direkt bis Combe Capelle, ein Beweis mehr unter tausenden, daß ihm eine ungeheure Schaffenskraft innewohnte. Der herrlichste Tag war eben erwacht, die Septembersonne des Südens bewährte ihre Kraft zu früher Stunde, und voll froher Hoffnung fuhren wir los.

19. Ansicht von Combe Capelle (S. 45).
X Die weiße Tafel bezeichnet die Fundstelle des Skeletts.

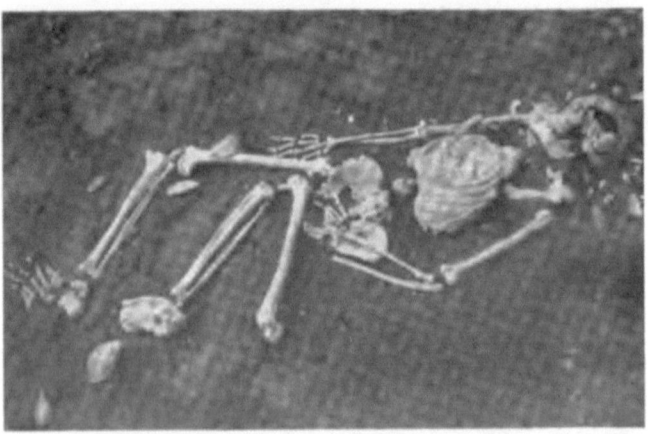

20. Das Skelett des Homo Aurignacensis Hauseri in seiner ursprünglichen
Lage, nach der Ausgrabung zusammengestellt (S. 58).

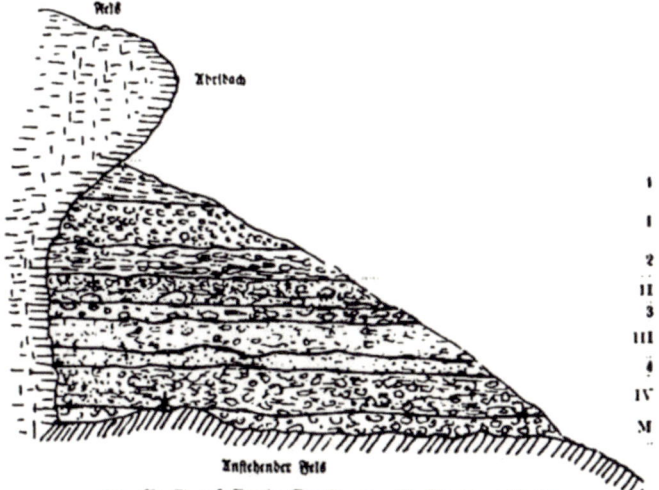

21. Profil auf Combe Capelle, von E. Baechler (S. 46).
1 Humusschicht. 2, 3, 4 Schmale sterile Schicht. I Oberste Fundschicht: Solutréen. II Oberes Aurignacien. III Mittleres Aurignacien. IV Unteres Aurignacien, mit Skelett (*). M Moustérien.

22. Schichtenfolge auf Combe Capelle (S. 46).

Siebentes Kapitel.

Die Hebung des Homo Aurignacensis Hauseri.

Drei Männer der Forschung. — Die Fahrt durchs Arbeitsgebiet. — Markttag in Le Bugue. — An Ort und Stelle. — Kein Neandertaler. — Gut erhal-
tenes Skelett. — Aurignacien. — Die Lagerung des Urmenschenskeletts. —
Eine neue Raffe unferer Vorfahren.

Eine Automobilfahrt in den jungen Tag hinein, auf den Halmen
die zitternden Lichter, die Traubenstöcke voll schwerer Frucht,
die Feigenbäume beladen mit süßer Last — eine wunderfame Landschaft, und über dem Ganzen jene Ruhe, die nur Unberührtheit und
Einfamkeit verleihen! Und diefe Fahrt ift für uns noch befonders
reizvoll. Drei Männer der Wiffenschaft — Mufeumsdirektor Baechler
von St. Gallen hatte fich uns zu dem wichtigen Gange ange-
schloffen —, Erforscher der Urzeit, jeder unter andern Bedingungen,
an anderer Stelle arbeitend und fuchend: Klaatsch auf dem Lehr-
stuhl der Anatomie und Anthropologie in Breslau, täglich Neues
schaffend und aufbauend, Baechler, hoch oben, auf 1400 Meter Höhe,
am Säntis Wildkirchli erforschend, die höchstgelegene Jägerfiedelung
des Quartärs, und ich, einfam, allein, im Südweften Frankreichs,
feit Jahren auf den Spuren des Urmenschen! Nun alle drei auf
dem Wege zu einem neuen Fund, deffen Bedeutung wir erst ahnen
durften!

Von der Laugerie haute, der „oberen Wohnung" (fie liegt höher
am Flußlauf), ging's vorbei an der „unteren Wohnung", wo jener
Träumer uns einst Kunstwerke geschaffen. Wie lag feine Zeit uns
eigentlich nahe! In Nebeln verborgen aber schien uns jene Zeit,

aus der wir nun den neuen Schädelfund heben gingen; denn er war doch mindestens eine halbe Eiszeit älter als die Siedler der „unteren Wohnung". Und mit wie großen Spannen Zeit muß die Erdgeschichte — die Geologie — rechnen, im Vergleich zu den historischen Daten, an die uns die Schule gewöhnt hat!

Wie ein kinematographischer Film rollt sich nun Bild um Bild ab. Nicht nur die romantische Landschaft entzückt unser Auge: es ist Seite um Seite der Menschengeschichte, deren Linien wir sehen, denn überall sind in der Gegend Grotten eingestreut, die einstmals bewohnt waren. An die Laugerie basse schließt sich am rechten Ufer der Bézère ein ununterbrochenes Band alter Siedelungen an.

Es kommt die „Gorge d'enfer", mit einem mächtig gewölbten Felsdom, in dem zur damaligen Zeit die Menschen sich vielleicht zu „heiligen Handlungen" vereinten; ein kleines Quertal, an beiden Rändern ehemals besiedelt, geht über zum Felsmassiv vom „Paradies" (Abb. 23, S. 56). Hier haben Verfolgte der Religionskriege die natürlichen Terrassen und Grotten zu Höhlen erweitert und sie als Zufluchtsstätte für Menschen und Tiere benützt. Die Schlupfwinkel liegen bis 30 Meter über dem Fluß.

Eine schöne Steinbrücke fügt sich ruhig ins Landschaftsbild und vermittelt den Übergang aufs linke Ufer des Flusses. Vor uns sehen wir merkwürdige Felsbildungen, wie Pilze schließen sie nach oben ab: „Cro Magnon" (Abb. 24, S. 56). Hier im „Loch der Sippe Magnon" hausten einst Brüder derer aus der „unteren Wohnung"; von ihnen kamen beim Bau der Eisenbahnlinie Paris—Agen im Jahre 1868 fünf Schädel zum Vorschein.

Nun ein erhabenes Bild! Fels an Fels rahmen das Ufer des Flusses, und die Eingänge der zahllosen Grotten öffnen sich nach Süden und Osten (Abb. 25, S. 56). Die meisten dieser Halbhöhlen waren in der Urzeit besiedelt. Ein kühner Felsvorsprung trägt die Ruinen des Schlosses von Les Eyzies, dieses einst unbekannten Dörfchens, das nun durch die großen Ausgrabungen zum Wallfahrtsziel Tausender von wissensdurstigen Menschen wurde, — bis der große Krieg alles unterbrach und störte, was zähe Forscherarbeit begründete.

Links geht die Straße zur Höhe, nach Le Moustier, wohin ich ein Jahr vorher meinen Meister Klaatsch zur Hebung des Moustiermenschen geführt hatte; unser heutiger Weg biegt nach rechts ab, am Ufer der Vézère entlang, immer an den stolzen Felsen vorbei. Ein Blick rückwärts zeigt nochmals das Panorama von Les Eyzies und der sich weiter entfernenden Laugerien — keuchend erklimmt der Motor eine steile Straße, und wieder wechselt das Bild. Man sieht andere, „neue Ausgrabungen": am Wege liegen die Tagbaugruben zur Gewinnung von Kaolin, aus dem in der Stadt Limoges durch wundersame Wandlung das zarte weltberühmte Porzellan entsteht. Die Straße senkt sich zum Tal, das breit zur fruchtbaren Ebene wird. Zu beiden Seiten des Flusses ragt je eine Felskuppe, deren Kanten bizarr geformt sind: es sind zwei Riegel, an denen man deutlich sieht, wie vor Jahrmillionen das Tal von den gewaltigen Massen meerwärts sich wälzender Wasser ausgewaschen — erobert — wurde. Sie sind die letzten Zeugen jener Gewalten, durch welche die Täler gebildet worden sind. Eine scharfe Kurve stellt uns vor die reizende, romanische Kirche des Dörfchens Campagne, und dann führt eine größere Straße zum Städtchen Le Bugue.

Hier regt sich stärkeres Leben, es ist Markttag, und von allen Seiten ziehen die Landleute zum Hauptplatz, der sich mit einer Menge lebhaft handelnder Bauern rasch bevölkert: die einen verkaufen ihre stattlichen Ochsen, die nur paarweise zum Angebot kommen, andere feilschen um Schafe und Hühner; das Ganze ein temperamentvolles Südbild, alles ist Geste und heißblütiges Leben. Die Vézère ist hier breit, und über sie bringt uns eine hübsche Brücke auf ein kleineres Sträßchen zum nächsten Flecken und zu einer Eisenbahnstation. Von da ab steigt die Straße geraume Zeit und senkt sich erst, wenn's hinab geht zum Wallfahrtsort Cadouin, dessen Zierde eine herrliche gotische Kirche bildet, mit einem Unterbau

aus romanischer Zeit. Dann nimmt uns der Wald und die Heide
auf und öffnet uns ab und zu einen Blick auf die weite, aber unbewohnte Hochebene; der Erdboden ist rostrot, stark eisenhaltig.
Nur selten unterbricht ein Kohlenmeiler das einsilbig ruhige Bild.

Wir nähern uns dem Ziel — Montferrand und Combe Capelle —, und die stille Betrachtung der Landschaftseindrücke macht
der Spannung des Forschers, des Suchers Platz. Wir geben Signal,
und von der Höhe der Halde schwenken meine Arbeiter Hüte und
Tücher: man fühlt es von weitem, daß sie sich freuen, die Braven,
ihrem Patron was Großes und Neues zeigen zu können, und daß
sie gerade es waren, die auch vor einem Jahre den Moustierjüng-
ling entdeckt hatten. Wir steigen zur Höhe hinan; freudig kommen
die Arbeitsleute uns entgegen und schütteln Klaatsch die Hände, als
einem lieben Bekannten, denn sein Kommen verrät auch ihnen die
Wichtigkeit des Fundes. Ohne viel Worte wird zur Arbeit geschritten.

Man räumt die Steine weg, die zum Schutz angehäuft worden
waren, Erde wird entfernt, und nun beginne ich sorgfältig und mit
bloßer Hand die Stelle freizulegen, unter der ich den Schädel weiß.
Professor Klaatsch prüft das Schädeldach, die Augenregion, sieht
die Kieferpartie und erklärt sofort auch, daß wir hier keinen Vertreter der Neandertalrasse vor uns haben. Er kontrolliert die
Schichtverhältnisse, sieht meine Angaben alle bestätigt und geht
daran, den wohlerhaltenen Schädel vom Erdboden zu lösen, in dem
er so lange geruht hat.

Die Hebung in allen ihren spannenden Phasen gebe ich hier genau
nach dem damals aufgenommenen Protokoll wieder (Abb. 26—33,
S. 57).

Die Bergung des Skeletts bot insofern Schwierigkeiten, als der
Tote einst unmittelbar unter der Abtropfzone des Abri bestattet
worden war und sich daher die Sickerwasser mit dem Erdreich zu
einer breccienartigen Masse vereint hatten, der einzelne Kopfpartien
ganz fest anhafteten. Anderseits allerdings verdanken wir den wunder-

23. Laugerie basse und Paradies (S. 54).

24. Abri von Cro Magnon (S. 54).

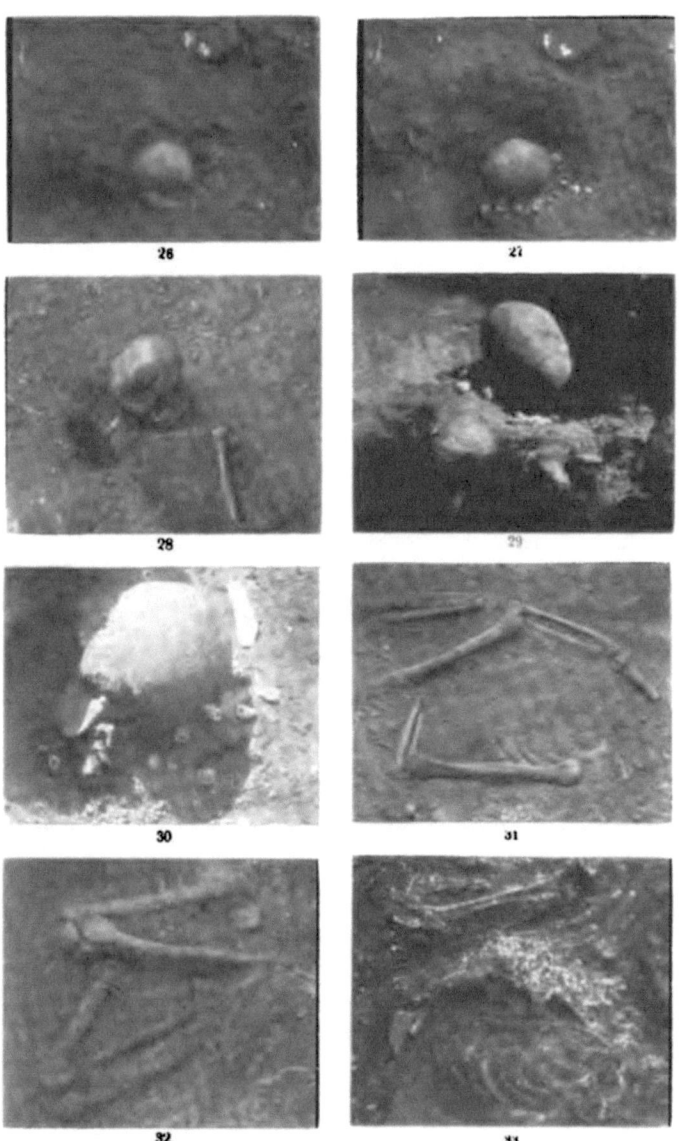

26—33. Die einzelnen Phasen während der Ausgrabung der Skeletteile des Homo Aurignacensis Hauseri (S. 56).

aren Erhaltungszustand des Skeletts allein diesem Umstand: die einzelnen Knochen wurden gewissermaßen mit Kaltwasser imprägniert.

Jedes kleinste Fundstück, ob Rest tierischer Knochen, ob Feuersteinsplitter oder Artefakt, wurde wiederum in seiner genauen Lagebeziehung zum Skelett festgestellt, numeriert und eingetragen.

Zuerst wurde, wie ich oben schon bemerkte, der hintere Teil des Schädelbachs sichtbar, und gleichzeitig kamen einige durchbohrte Muscheln zum Vorschein; dann befreiten wir die ganze linke Schädelseite bis hinunter zum Unterkiefer von der verhüllenden Erde, entblößten den linken Oberarmknochen und einen Teil des linken Schlüsselbeins. Schon wird auf der andern Seite, fest an den Schädel gepreßt, auch ein Stück des rechten Oberarmknochens sichtbar, und in größerer Anzahl unterlagern Muscheln den Schädel, der selber immer mehr große langköpfige (dolichocephale) Form zeigt. Kleine Feuersteingerätchen liegen daneben und auch ein Fußknochen vom fossilen Schwein (Sus scrofa). Das mochte schon darauf hindeuten, daß auch diesem Toten Nahrung und Geräte mit in das Grab gegeben worden waren. Feuersteinwerkzeuge, die sehr bestimmt auf die Aurignacienkultur hindeuteten, fanden sich auch. Der Schädel lag in einer Tiefe von 2,48 Meter.

Nun nahm Professor Klaatsch behutsam die Erde von denjenigen Stellen, an denen die Extremitätenknochen (Arm- und Schenkelknochen) zu vermuten waren, und schon zeigten diese sich in ihren Umrissen — also nicht nur ein wohlerhaltener Schädel war uns beschert, auch vom übrigen Skelett schien recht viel vorhanden zu sein. Ober- und Unterschenkelknochen kamen zutage, und über dem rechten Oberschenkelknochen lagen die Knochen der rechten Hand gebettet. Etwas höher ansteigend zeigten sich die Rippen, und in wunderbarem Erhaltungszustand erschien der ganze Brustkorb als ein zusammenhängendes Stück, das durch Kaltwasser infiltriert und so konserviert worden war.

Das Skelett lag mit seiner Körperachse von Norden nach Süden gebettet, die Füße südwärts, der Schädel mit einer Neigung von 50 Grad nach Westen gerichtet, in absolut intakter Schicht des früheren Aurignacien. Nahezu vollständig konnte das Skelett geborgen werden, mit Ausnahme weniger kleiner Stückchen von Hand, Fuß und einiger Teile vom Schädel, Schulterblatt und Becken, die einer frühzeitigen Zersetzung anheimgefallen waren; die nach aufwärts gekehrte linke Seite des Schädels zeigte einen beträchtlichen Defekt in den Schläfenregionen, und der Schädel selbst war mit Erde und durchgewachsenen kleinen Wurzeln gefüllt (Abb. 20, S. 52).

Nach der Hebung des ganzen Skeletts zeigten sich im anstehenden Felsboden unverkennbare Spuren einer künstlichen Veränderung, die im Zusammenhang stand mit der Lagerung. Der vom Kopfende an sich sanft nach Süden senkende Boden wies genau unter der Kreuzbeinregion eine Vertiefung von etwa 6 Zentimetern auf, die sich in einer Länge von etwa 40 Zentimetern feststellen ließ; die Ränder dieser Vertiefung gingen einander immer parallel, und das Maximum der Breite betrug 8—10 Zentimeter. Im Grunde dieser Grube lagen die Dornfortsätze der Kreuzbeinwirbel so fest eingebettet, daß sie nach der Hebung des Beckens und des Kreuzbeins darin verharrten. Es kann danach keinem Zweifel unterliegen, daß diese Vertiefung in direkter Anpassung an die Kreuzbeinregion hergestellt worden ist. Zu beiden Seiten der Grube lagen die Hüftbeinknochen. Die Wirbelsäule hatte ihren Zusammenhang mit dem Kreuzbein noch bewahrt, zum Teil jedoch waren Störungen in der Lagerung der einzelnen Wirbel eingetreten, deren Ursache man nicht sofort feststellen konnte. Vielleicht sind sie auf die Druckwirkung der herabfallenden Blöcke zurückzuführen, die an der noch nicht völlig zersetzten Leiche eine Zerreißung innerhalb des Verbands der Wirbelsäule hervorriefen. Obwohl der gesamte Brustkorb in einer allerdings stark abgeplatteten Form den Zusammenhang der unteren Rippen bewahrt hatte, lag die Halswirbelsäule mit den drei ersten

Brustwirbeln in einer höchst auffälligen Weise, unter den Kopf gekrümmt und nach rechts sich unter den Unterkiefer schiebend.

Vor der Zerdrückung des Brustkorbs durch die auftreffenden
Steinmassen muß die linke Rumpfseite nach aufwärts gekehrt gewesen
sein, da an dem Stück, das, den größten Teil des Brustkorbes ent-
haltend, im ganzen gehoben werden konnte, bei Betrachtung der von
der Mitte abgewandten Seite ein viel größerer Teil der linksseitigen Rippen sichtbar ist als der rechtsseitigen; umgekehrt zeigt die
Rückenseite die rechten Rippen in größerer Ausdehnung. Wir ge-
wannen so das seltene Stück eines fossilen menschlichen Brustkorbes.

Bezüglich der Haltung des ganzen Körpers ist die Lagerung
der unteren Skeletteile von der größten Bedeutung. Beide Beine
waren mit stark gekrümmten Knien kopfwärts angezogen und nach
rechts hinübergelegt; der linke Oberschenkel hatte seine Lagebeziehung
zum Becken eingebüßt, und der linke Oberschenkelkopf fand sich in
beträchtlicher Entfernung vom Rumpf, gegen den Felsuntergrund so
fest angepreßt, daß er nur mit Mühe losgelöst werden konnte. Das
andere Ende des Oberschenkels hatte seinen Zusammenhang mit dem
Schienbein bewahrt, hier fand sich auch die Kniescheibe in typischer
Lagerung; diese Teile der linken Knieregion lagen dem obersten
Ende des rechten Femurs direkt auf. Das untere Ende des rechten
Oberschenkels hatte ebenfalls seinen Zusammenhang mit dem Unterschenkel behalten. Beide Unterschenkel verschwanden in einer Kalkmasse, die so hart war, daß die Herauslösung Schwierigkeit berei-
tete. Die Vermutung, daß die Fußskelette in dieser Masse steckten,
erwies sich bei der späteren Freilegung als richtig. Der linke Fuß
ergab ein derartig einheitliches Präparationsstück, daß er als solches
aufgehoben wurde. Der Abbau der Fußpartien ergab so merkwürdige Beobachtungen in der Lagebeziehung der Füße zueinander,
daß man sich der Vorstellung nicht erwehren kann, es seien beide
Füße auf künstlichem Wege aneinandergepreßt worden, eine Annahme, die durch die Vergleichung mit dem geologisch jüngeren Fund

von Chancelade eine Stütze erfährt. Auf diese Weise würde es begreif-
lich werden, daß Trennungen des Zusammenhangs im Fußgelenk und
eine so weite Entfernung des linken Oberschenkels aus seiner Gelenk-
kapsel möglich wurde, ohne daß die Füße sich voneinander entfernten.

Die Haltung der Hände ist an beiden oberen Extremitäten die-
selbe: die Hände befinden sich auf der mittleren Seite der Schenkel,
und ihre Knochen sind teils der Innenfläche des rechten Oberschenkels,
teils der Vorderfläche der linken Beckenhälfte angeheftet. Der linke
Radius war so fest der Vorderfläche des Hüftbeins angeschlossen,
daß bei der Loslösung das untere Ende an der Hand verblieb; der
linke Vorderarm bildete mit dem Oberarm annähernd einen rechten
Winkel. Der linke Oberarm lag der linken Brustkorbseite unterhalb der ersten Rippe an. Fragmente der zugehörigen Schulter-
blätter fanden sich viel weiter kopfwärts, ebenso das linke Schlüsselbein. Der rechte Arm war gerade gestreckt, und der Kopf des Ober-
arms zeigte sich der rechten Gesichtsseite derart fest angepreßt, daß
bei der Hebung des Schädels die obere Hälfte des Oberarmes mit
entfernt werden mußte.

Die rechte Seite des Schädels war durch eine feste Kalkmasse
nicht nur mit dem Oberarm, sondern auch mit Fragmenten des
Schulterblatts und dem oberen Teil der Brustwirbelsäule so fest
verbunden, daß erst eine sorgfältige Präparation durch Professor
Klaatsch die einzelnen Stücke herauslösen konnte; hierbei erwiesen
sich der Oberarmkopf und der Unterkiefer, der diesem nicht ange-
lagert war, als völlig intakt (Abb. 34, S. 64).

Bei der Hebung des Skeletts wurden, wie schon eingangs erwähnt, alle, auch die unscheinbarsten Feuersteinstücke, Artefakte
(Abb. 35, S. 64) und deren Fragmente sowie alle tierischen Reste
registriert, und ich stellte von den einzelnen Stadien der Ausgrabung
und Präparation 64 photographische Aufnahmen her. Die Beigaben
und die Lagerung des Skeletts ließen keinen Zweifel mehr, daß der
große Fund der unteren Aurignacienkultur zugehörte.

Die in Abb. 35 dargestellten Beigaben gehören nicht der Epoche des Aurignacien an; sie sind vielmehr von den Leuten des Homo Aurignacensis gefunden worden, als sie das Grab für ihren Anführer gruben; es sind Werkzeuge einer älteren Zeit und dürften Beziehungen haben zu den Funden des Micoquien. —

Die geschilderten Funde regen das Problem der Beziehung der Aurignacienleute zu den Moustérienmenschen überhaupt an. Haben beide, müssen wir uns fragen, gleichzeitig im Departement Dordogne gelebt, oder hat die jüngere Menschheit nur noch die Reste der alten Bewohner in Form ihrer Kulturmittel vorgefunden? Alle diese Fragen verlangten zunächst die anatomische Klärung der Verwandtschaftsbeziehungen der beiden Kulturträger des Aurignacien und des Moustérien.

Für die Festsetzung des individuellen Alters ist die Beschaffenheit des Gebisses und der Schädelnähte maßgebend. Alle zweiunddreißig Zähne meines Aurignacienmenschen sind in ausgezeichneter Weise erhalten, sie zeigen nur einen leichten Grad des Abkauens. Von senilen Veränderungen ist nichts nachzuweisen, von Zahnfäule fehlt jegliche Spur. Gegen ein jugendliches Alter sprechen die Schädelnähte, die zwar von außen her fast überall noch deutlich zu sehen, an der Innenfläche aber bereits größtenteils verschwunden sind.

Die bedeutende Widerstandskraft des Schädels, dem Hieb der Spitzhaue gegenüber, erklärt sich aus der beträchtlichen Dicke der Knochenwandung der Gehirnkapsel, die durchschnittlich etwa 8 Millimeter beträgt und bis 10 Millimeter steigt. Dazu kommt die solide Beschaffenheit der Knochenmasse selbst, deren äußere und innere kompakte Lage ziemlich stark entwickelt ist, während die mittlere, die blutgefäßführende, im Verhältnis zum Zustand des modernen Europäers wenig ausgeprägt ist. Dieser Befund des fossilen Schädels erinnert an die heutigen niederen Rassen, besonders an die Australier.

Bis zum Spätabend war die Hebung vollendet; ohne irgendeine Ruhepause hatten wir in wachsender Spannung gestanden, und nach

getaner Arbeit durften wir uns freudig bewegt die Hände schütteln.
Die Erkenntnis im Werdegang der Menschheit war um ein wichtiges Glied bereichert! Wir brachten nicht die Bestätigung alter
Hypothesen; was wir entdeckt hatten, war weit mehr; wir konnten
in unsere Vorfahrenreihe eine neue Rasse einstellen, deren körperliche Überreste noch dazu in wunderbarer Erhaltung auf uns gekommen sind!

Sorgfältig packten wir den Schatz in mitgebrachte Kisten und
stiegen zu Tal. Ein ganzes Tagewerk war getan! Hoffend waren
wir am frühen Morgen ausgezogen — mit dem erhebenden Gefühl
voller Befriedigung fuhren wir auf dem gleichen Wege wieder der
„oberen Wohnung" zu. Unter dem heimischen Felsendach plauderten
wir noch bis tief in die Nacht von dem ereignisreichen Tag und erwogen die wissenschaftlichen Folgerungen des Fundes und den Eindruck, den seine Bekanntgabe machen würde.

Nun erstand für Professor Klaatsch erst die große Arbeit; ihm
lag es ob, das Skelett nach anatomischen und anthropologischen
Gesichtspunkten zu bearbeiten, und in glänzendster Weise ist er auch
dieser schwierigen Aufgabe gerecht geworden.

Nach seinen anatomischen Untersuchungen gehört das Skelett
einem männlichen Individuum von 40 bis 50 Jahren an. Dem
Aurignacienschädel fehlt das Merkmal des Neandertaltypus: die
stark ausgeprägten Überaugenwülste. Die Skeletteile zeigen einen
schlanken, grazilen Bau, der Radius (Speichenknochen) ist nicht
wie bei der Neandertalrasse gekrümmt, sondern gerade. Stirn und
Kinn sind wohlausgebildet; die anatomischen Befunde der Kinnregion
lassen den Schluß auf eine schon wohlartikulierte Sprache zu. Eine
Entwicklung des Aurignacienmenschen aus dem Moustiermenschen
ist anatomisch ausgeschlossen. Der Homo Aurignacensis Hauseri
ist uns nicht nur in einer Mischform gegeben worden, sondern er
erweist sich als ein reiner Typus einer besonderen Rasse.

Achtes Kapitel.

Wildfanggruben.

Pfingsten 1907. — Das Nußbäumchen. — Gruben im Kalkstein. — Ein System. — Die Taktik der Urmenschen. — Treibjagd.

Das Leben des Höhlenbewohners bewegte sich notwendigerweise immer im engsten Zusammenhang mit den Bedingungen, die ihm zur Erhaltung seines Daseins gesetzt waren. Die Jagd mußte seine Haupttätigkeit bilden; sie allein konnte ihm die Leibesnahrung bieten. Seine einfachen Waffen waren nie sehr weittragend; der Mensch war gezwungen, durch List zu ersetzen, was ihm an technischem Können mangelte. Aber wie er jagte und welche Listen er anwendete, das schien uns lange unklar.

Ein sonnfroher Maitag war's; die Welt draußen feierte Pfingsten 1907. Ich aber in meinem abseits von der großen Menschenstraße liegenden Felsenheim mußte arbeiten wie alle Tage der Woche; denn alle Pflichten lagen nur auf meinen Schultern. Da brachte mir ein altes Weibchen vom Plateau her einen Feuersteinschaber und erklärte mir, sie habe beim Pflanzen eines kleinen Nußbäumchens soeben ein Loch gesehen, und darin lag das Werkzeug. Sofort stieg ich zur bezeichneten Stelle hinauf und erkannte bei genauer Prüfung der Erdoberfläche mehrere Bodenvertiefungen, die aber alle mit Schutt und Steinen bedeckt waren. Kurz entschlossen pachtete ich den Platz und besorgte noch am gleichen Tage eine Planaufnahme, wobei jede kleine Vertiefung berücksichtigt wurde. Gleichzeitig holte ich zwei Arbeiter und begann die kleinen Gruben zu leeren und zu untersuchen (Abb. 36, S. 65). Als der Plan fertig war, hatten

wir auch schon zwei Gruben geleert; die unscheinbaren Vertiefungen
weiteten sich: es waren richtige, trichterförmige Gruben, in den
Kalksteinboden gegraben, und darin fanden wir einiges Feuersteinwerkzeug und rundliche, harte Flußkiesel, mit denen wohl die Löcher
ausgehauen worden waren. Die Technik der Funde wies sie in
die vorletzte Kulturperiode des Quartärs — ins Solutréen. Der
Plan zeigte die Gruben in einer willkürlichen Anordnung, in gewollter und beabsichtigter Anlage.

Ich stellte 21 Bodenvertiefungen fest, die sich in einer bestimmten Wechsellagerung angeordnet zeigten, und zwar so, daß
immer zwischen zwei Gruben je in der vorderen und hinteren
Reihe wieder ein Loch lag. Diese merkwürdige Fundstelle war
auf der Höhe eines kleinen Plateaus 10 Meter über dem Flußufer; unter dem Fels hatte eine Siedelung der Solutréenleute bestanden, wie ich aus vielen Funden nachweisen konnte. Südlich
der Löcher leitete ein schmales Tal von den höher liegenden Ebenen
hinunter zum Fluß — es war einst der Wechsel der Tiere zur
Tränke an der Bézère. Hier hatte der Künstler der „unteren
Wohnung" seine Vorbilder gesehen. Von der Höhe der Fundstelle
prüfte ich die Zugänge, die ehedem als Wildwechsel hätten in Betracht kommen können, und auf zwei Kilometer sah ich deren nur
zwei: das eine Tälchen war hier, bei den Gruben, das andere
weiter südlich in der „Gorge d'enfer". Allein an dieser letzteren
Stelle konnte kaum ein Wechsel in Frage kommen; denn die beiden
Ränder des schmalen Taleinschnitts waren damals besiedelt, und
der Geruch menschlicher Wohnungen war dem Wild unbedingt Grund
genug, jenen Durchgang zu meiden. Aber hier bei den Gruben,
da war der richtige Weg, das Tälchen frei von Menschen, am
Ausgang der Senkung gleich das frische Wasser und auf weiten
Ebenen saftige Weiden. Wo zur ausgiebigen Jagd die Mittel ver-
sagten, mußte List helfen, sagte ich oben, und der Sinn der 21 Gruben
begann mir verständlich zu werden. Wenn die Eiszeitjäger hoch

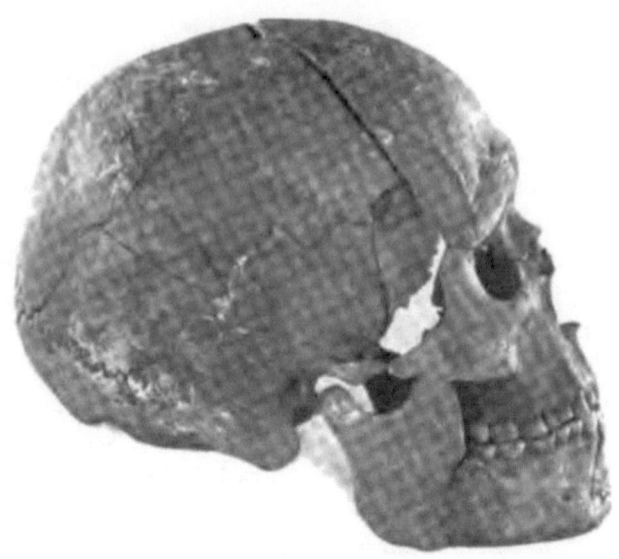

34. Schädel des Homo **Aurignacensis Hauseri** (S. 60).

35. Feuersteinkeile. Beigaben des Homo **Aurignacensis Hauseri** (S. 60).

36. Wildfanggruben (S. 63).
Die Fähnchen bezeichnen die Stellen der Fallgruben.

37. Laugerie intermédiaire (S. 67).

oben auf dem Plateau, hinter den Ruheplätzen der Wisente und Pferde
ein Feuer machten, wenn sie das schmale Tal mit Baumstämmen
sperrten, so blieb dem erschreckt gehetzten Wild kein anderer Weg
als über diese Trichter. Diese selbst, 1,6 Meter tief und am
oberen Rande bis 2,3 Meter breit, konnten mit Ästen und Laub
verkleidet sein. Bei der Flucht über die kleine Felsebene gerieten
die Tiere mit den Vorder= oder mit den Hinterbeinen in eine der
Gruben, und kamen sie da nicht zu Fall, so war der Sturz
über den Felsen unabwendbar ihr sicheres Ende.

Lag erst ein Großtier — ein Urstier oder gar ein Mammut —
hilflos in einem der Trichter, so wurde es ausgehungert und da=
durch so wehrlos, daß der Höhlenmensch sich auch mit seinen primitiven
Waffen dem Wild nähern und es überwinden konnte. Eine solche
Treibjagd brachte Nahrung und Felle in Menge. Als gute Jäger
räumten die Höhlenmenschen immer den Platz sauber von Knochen
und Abfall. Deshalb fanden sich in den Gruben keine tierischen
Überreste: die erlegte Beute wurde wohl stets nach Hause geschleppt
und vor der Wohnhöhle zerlegt; denn da liegen die Reste aller
Körperteile im Anfall und Abraum, und aus ihnen erkennen wir,
welche Tiere in jeder Epoche gelebt haben und dem urzeitlichen
Jäger zum Opfer gefallen sind.

Die Entdeckung der Wildfanggruben bereichert ganz ungemein
unsere Kenntnis der primitiven Jagdmethoden. Wir können uns
durch sie ein recht anschauliches Bild von der Hauptbeschäftigung
des Höhlenbewohners machen, die sein ganzes Sinnen und Trachten
beeinflußte und den ersten Anstoß zur Schöpfung der Kunst gab.

Neuntes Kapitel.

Eine neue Urmenschenkultur.

La Micoque. — Die Siedelungen und ihr Verlauf im Bézèretal. — Der Jäger aus der Laugerie. — Der Anfang: kleine unbedeutende Ausgrabungen. — Acht Jahre Arbeit auf La Micoque. — Mineure und Sprengungen. — Am Ziele: Abris und feine Freiluftstation.

Im zweiten Kapitel habe ich erzählt, wie ich auf die altstein= zeitliche Siedelung La Micoque aufmerksam wurde, auf diese nachmals so wichtige Station, deren Geschichte lange Zeit in legen= däres Dunkel gehüllt war. Nun wollen wir die geographische Lage dieser Fundstelle kennen lernen, die Ausgrabungen selber miterleben und schließlich sehen, wie man die Fundschichten sucht und sie dann wissenschaftlich abbaut.

Das Dörfchen Les Eyzies habe ich schon mehrfach erwähnt; denn es bildet eigentlich das Zentrum für die älteste Vorgeschichts= forschung. Les Eyzies liegt am Unterlauf der Bézère, 17 Kilo= meter nordöstlich ihrer Einmündung in die Dordogne. Die Leute dort unten nennen es in ihrem halbspanischen Dialekt Los Esio. Eine Erklärung des eigenartigen Namens mit seinem Mehrzahl= artikel ist noch nicht geglückt; er hat aber sicher irgendwelchen Zu= sammenhang mit den vielen Grotten und altsteinzeitlichen Nieder= lassungen. Die Eisenbahnlinie von Paris über Périgueux nach Agen und ans Mittelmeer zeigt hier den 500. Kilometer an.

Das Tal weitet sich bis zu 700 Meter Breite und ist beiderseits eingerahmt von steil abfallenden Kalkfelsen. Die mittlere Höhe des Flusses fällt von Le Moustier bis Les Eyzies um mehr als 12 Meter.

Auf 4 Kilometer Luftlinie östlich und westlich der Ortschaft verbreiten sich an die vierzig Siedelungen der verschiedensten Epochen der Altsteinzeit. Alle sind gegen Süden oder Osten orientiert, haben zu ihren Füßen die fischreiche Bézère und über sich die wildgesegneten Niederwälder. Grotte reiht sich an Grotte, ihre Auskehlungen sind von bizarrsten Formen der Felsen gekrönt; entweder sind die Siedelungen hoch oben am Felsen in gutgeschützten Halbhöhlen (Abris), oder wo solche in der Höhe fehlen, ließ sich der Mensch in den Abris nahe am Flußufer nieder.

Die altsteinzeitlichen Ansiedelungen auf dem linksseitigen Bézèreufer schließen von Les Eyzies flußaufwärts mit Cro Magnon ab. Auf der westlichen Seite setzten sie sich fort in den Grotten von Gorge b'enfer, Bil bas, Bil haut; daran reihen sich langausgedehnte Felsenschutzdächer mit den berühmten klassischen Stätten der Laugerie basse (Magdalénien), Laugerie intermédiaire (Solutréen) (Abb. 37, S. 65) und Laugerie haute (Solutréen und Magdalénien in Übereinanderlagerung). Ein kleines Wegstück weiter flußaufwärts treffen wir auf die schon oben geschilderten Wildfanggruben und einige durch den Straßenbau 1896 zerstörte und leider nie topographisch und stratigraphisch aufgenommene Siedelungen des Solutréen.

Die Straße nach Périgueux, der 44 Kilometer entfernten Hauptstadt des Departements Dordogne, biegt hier scharf ab nach Nordwest, die Bézère fließt östlich, und vor uns öffnet sich jetzt ein Seitental, bewässert vom Bache Manaurie.

Fruchtbares, 400 Meter breites Alluvialgebiet (jüngste Bildung der Erdoberfläche) öffnet sich, nach Nordwesten hin begrenzt durch einen steil ansteigenden Hügelzug, der sich von 68 bis zu 144 Meter über dem Meer erhebt. Kahle Terrassen mit spärlichem, niedrigem Baumwuchs und von gelblichbrauner Farbe fallen uns auf: dies ist La Micoque.

Im Jahre 1895 beging ein Jäger aus der nahen Laugerie die kahlen Hügel der Micoque, um wilden Kaninchen nachzustellen. Es war zufällig ein Mann, der im Geruch eines nicht ungeschickten

5*

Fälschers stand, und dessen Augen auf Oberflächenfunde scharf ein-
gestellt waren. Ein von Maulwürfen hochgebrachter Feuerstein zog,
seiner ungewohnten, weißlichen Farbe wegen, seine Aufmerksamkeit
auf sich. Da Pariser Liebhaber solcher Dinge bei ihm schon öfters
steinzeitliche Werkzeuge erworben hatten, sandte er den Fund alsbald zur Begutachtung dorthin, und nunmehr erschien ein franzö-
sischer Professor zu einer Probeschürfung.

Es kam zu verschiedenen kleinen, jedoch ganz unbedeutenden und
ungenügenden Ausgrabungen durch verschiedene französische Liebhaber; aber die kahle, steile Berglehne bot den Untersuchenden viele
technische Schwierigkeiten, und schließlich unterblieb überhaupt jeder
weitere Versuch.

Als ich 1905 die ersten Funde sah, erkannte ich sie als nicht
übereinstimmend mit den Vermutungen früherer Ausgraber. Die
Objekte, so unscheinbar sie waren, bildeten ein großes Rätsel, und
erst im Laufe der Jahre und nach harter Arbeit erwiesen sich meine
Vermutungen als richtig. Auch für den Fachprähistoriker gibt es
Zeiten, wo ihm die Arbeit alltäglich erscheint, oft kehren gleiche
Beobachtungen immer wieder. Aber es gilt, sich nicht verdrießen
zu lassen; dann schließt sich eines Tages der Ring fortgesetzter Beobachtungen, und die Bedeutung mancher Funde wird um so klarer.
So habe ich acht Jahre an La Micoque gearbeitet und schon 1907
auf die mögliche Berechtigung zur Aufstellung einer Sonderkultur
hingewiesen, aber die einzelnen Forschungsmomente verdichteten sich
erst 1915 zur wirklichen Tatsache.

Ich verstreute nun meine Arbeitskolonne über einen großen Teil
des Hügels und gab jedem Mann eine besondere Aufgabe. Nach
verschiedenen Richtungen mußten sie selbständige Sondierungsgräben
anlegen, und zwar jeden davon mindestens einen Meter breit (Abb. 38,
S. 80). Kam man in bequemer Tiefe zu keiner alten Kulturschicht,
so mußten die Gräben um das Doppelte erweitert werden, damit ein
ordentlicher Tiefgang ohne Einsturzgefahr erreicht werden konnte.

Meine Leute waren zu Beginn der Ausgrabungen mit recht primitivem und ungeschicktem Arbeitszeug angetreten; ihre Schaufeln waren am Schaft in einem ganz falschen Winkel angestellt, die Spitzhacken zu stark gebogen und vor allem mit einem viel zu kurzen Stiel versehen. „Plaudergeschirr" nannte ich das Werkzeug, weil es sich zum Ausruhen viel eher eignete als zu ermüdendem Arbeiten. Ich verschrieb mir richtiges Schaffzeug aus der Schweiz, und die Kerle hatten wirklich sofort Freude an dem ungewohnten neuen Handwerkszeug, das, weil es richtig gebaut war, ihre Arbeit förderte und zugleich erleichterte. Die fidelen „handgeschnitzten" sechs- bis achtzackigen Rädchen an den Schubkarren verschwanden auch bald und machten richtig rollenden, runden Rädern Platz. Die Leute merkten, daß es auch so ging, ja daß es besser ging als vordem. Ich habe bei meinen ersten Besuchen in der Dordogne auch noch gesehen, wie mit einem primitiven Holzpflug kleine Furchen in die Äcker gezogen wurden; aber alles modernisierte sich allmählich, auch ins Tal der Altzeit kam neues Leben.

Der Boden war hart, die Spitzhauen wurden stumpf, und jeden Augenblick kam ein Arbeiter zu mir und meldete, da sei ja nichts zu finden. Doch ich ließ mich nicht irremachen, ich erkannte die Umbildung des Terrains im Verlauf der Zeiten und war sicher, schließlich doch die einstigen Siedelungsablagerungen zu finden. So zogen wir Graben um Graben ohne sonderliches Glück. Ich entschloß mich zu Sprengungen und stellte Mineure ein; denn ich wollte klar sehen und mußte doch schließlich den Aufbau der Siedelung und die Entwicklung zur Wohnstätte ergründen. Sondierungsgraben rechtwinklig zur Längsschicht des ganzen Hügels, von Nordost nach Südwest, wurden gezogen und tief, bis zum gewachsenen Felsen, getrieben (Abb. 39, S. 80). Ich schnitt die zweite Terrasse an in nordwestlicher Richtung. Es war eine schwere Arbeit, die Schichtungsverhältnisse und Schichtungsverschiebungen klarzulegen, um so mehr als ich an vielen Stellen auf überführtes Material alter Schürfungen

traf. Planlos waren früher Gruben gegraben worden, die man bald
50 Zentimeter, bald einen oder anderthalb Meter tief getrieben hatte.
Wochenlang konnte ich zu keiner Einsicht in die Boden- und Lage-
rungsverhältnisse der Station gelangen. Kalktrümmer, Kiesel,
Lehm, fossile Knochen waren durch die atmosphärischen Einflüsse zu
einer harten Breccie zusammengebacken, die Feuersteine alle in ihrer
Farbe verändert. Kieselsäure und kohlensaurer Kalk hatten den
ursprünglichen Feuerstein entfärbt, sein Gewicht reduziert und ihn
sehr brüchig gemacht. Erst durch viele Materialproben entdeckte ich,
daß das ursprüngliche Rohmaterial auch hier von grauer bis dunkler
Farbe gewesen ist; denn an einzelnen Befunden ließ sich ein dunkler
Kern noch nachweisen.

Man kannte damals den Standort des natürlichen Feuersteins
noch nicht, der den einstigen Micoquebewohnern zur Herstellung
ihrer Geräte gedient hatte. Ich habe als erster seine ursprüngliche
Lagerung aufgespürt und gezeigt, wo die Menschen der Altsteinzeit
ihr Rohmaterial hergeholt haben. Die eine, und zwar sehr ergiebige
Fundstelle für mächtige Feuersteinknollen befindet sich nicht weit von
den Siedelungen der Laugerien entfernt, auf einer Terrasse zwischen
Les Eyzies und Gorge d'enfer; andere Lager liegen weiter entfernt,
aber immer am Wege zu altsteinzeitlichen Siedelungen. Das Arbeiten gestaltete sich in dem zementharten Material ganz außerordentlich schwierig; meist kam der einzelne Mann bei einer Tiefe
von 0,8 bis 1,2 Meter nicht über einen laufenden Meter täglicher
Arbeitsleistung hinaus.

Die ersten 8 Arbeitswochen mit 4—6 Mann erbrachten nur
kleine, fast unbestimmbare Fragmente von fossilen Tierknochen und
an Feuersteinmaterial nur Absplisse und Abfallstücke; ich war
somit noch weit vom eigentlichen Wohnplatz der alten Micoqueleute entfernt.

Planmäßig setzte ich wieder ein zu neuen Anschnitten, von der
ersten Terrasse an aufwärts, legte, um ungehindertes Arbeiten zu

ermöglichen, die Gräben 1,5 Meter breit an, und erhielt dann schließlich ein bescheidenes, aber immerhin doch meßbares Bild: 0,17 Meter Humus, 0,45 Meter Kalktrümmer, 0,22—0,45 foffile Knochen (meift Wildpferd), vermengt mit einigen Feuersteinstücken und schließlich Kalkgeröll.

Ich erweiterte und vertiefte die von meinen Vorgängern sehr oberflächlich getriebenen Gruben und bekam dadurch auf der zweiten Terrasse als Profil: 0,8 Meter Humus, 0,6 Meter Kalktrümmer, 0,4 Meter sandvermengte Erde und schließlich 0,6—0,8 Meter Wildpferdknochen mit einigen Feuersteinwerkzeugen.

Nirgend aber zeigten sich Spuren einer Grotte, eines Abris. Weil in den früheren, oberflächlichen Grabungen ein Abri nicht feststellbar war, sollte also La Micoque eine „Freiluftstation" sein? Ich beruhigte mich nicht bei dieser Annahme; denn irgendwo mußte doch eine Anhäufung von Funden in ungestörter Schicht sich vorfinden.

Am oberften Ende des zur dritten Terrasse gezogenen Grabens zeigten sich endlich mehr und mehr größere Felsblöcke, und unter ihnen wurde das Profil ruhiger, die Funde nahmen eine gewiffe Form an, und die Tierrefte traten in größeren Stücken zutage. Ich schloß richtig, daß ich mich der eigentlichen Arbeits- und Wohnftätte näherte. Sondierungen nach Nordweft und Südoft ergaben gleiche Verhältniffe, und ich konnte nun die Anlage eines großen Querftollens in horizontaler Ausdehnung zur dritten Terrasse wagen. Als dieser Graben dann auf 22 Meter gediehen war, lag die alte Zentralstation von La Micoque in wunderbarer Anschaulichkeit vor mir (Abb. 40, S. 81).

Auf der baumlosen Halde stand man der prallen Sonne ausgesetzt. Man gewöhnte sich an eine Temperatur von 55 Grad Celsius, die von vormittags 9 Uhr bis nachmittags 4 Uhr anhielt. Trotzdem arbeiteten wir all die vielen Wochen täglich von früh $^1/_2$4 bis abends 7 Uhr.

Die Feuersteinfunde zeigten bald, daß alle aus ein und derselben Siedelungsperiode stammten, daß zwischen „oberen" und

„unteren" Schichten kein zeitlich groß zu wertender Unterschied lag.
Was ich „oben" entdeckte, das kam auch „unten" vor und umgekehrt; es bestand somit ein unleugbarer innerer Zusammenhang
zwischen allen Werkzeugformen jener urzeitlichen Ansiedler.

Gleichzeitig aber gelang mir ein, wie ich glaube, nicht minder
bedeutsamer Nachweis: ich ergrub alle Belege dafür, daß La Micoque keine „Freiluftstation" war, sondern eben, wie alle bisher bekannten Siedelungen, eine Grotten-Niederlassung.

Zu dieser Anschauung war ich durch meine 1906 angelegten
Tiefgrabungen gekommen. Da stieß ich bei 3,5—5 Meter Tiefe
auf eine langgestreckte Felswand und legte, bis auf 8 Meter Tiefe
vordringend, so die eigentliche Zentralstation von La Micoque frei.

Von der ursprünglichen Wohnstätte war allerdings nicht mehr
viel vorhanden; der weiche Kalkfelsen hat offenbar der Unbill der
mannigfaltigen Witterungsverhältnisse nicht auf die Dauer wider-
stehen können und war mehr und mehr abgebröckelt; die über-
hängende Felspartie war nach und nach verwittert und abgestürzt.
Trotzdem ließ sich die ursprüngliche Ausdehnung des einstmals ausladenden Schutzdachs feststellen. Ich traf nämlich auf eine Schicht,
die nur aus Verwitterungsschutt vom früheren Abridach stammen
konnte: lose aufeinandergeschichtete Kalktrümmer in horizontal streng
lokaler Begrenzung. Aus der Lagerung dieser, selbstverständlich
sterilen, Schicht kann man die ursprüngliche Ausdehnung des über-
hängenden Felsschutzdachs mit etwa 4 Meter berechnen. Damit ist
meines Erachtens La Micoque als Grotten-Niederlassung unwider-
leglich erwiesen.

Auffallend schien es, daß sich die Leute von La Micoque nicht
die weit wohnlicheren Grotten der nahen Laugerien zur Ansiedelung
ausgewählt hatten. Bei Bohrungen im Gebiet der Laugerien und
gegen das heutige Flußbett hin traf ich schon in sehr mäßiger Tiefe
auf Flußkiesablagerungen. Es wäre also denkbar, daß während
der mitteleuropäischen dritten Zwischeneiszeit und während nieder-

schlagreicher Phasen der letzten Eiszeit die Wasser der heutigen Bézère
den Eingang zu den Abris der Laugerien noch bedeckt hielten.
Auch jetzt ereignet es sich alle zehn bis zwölf Jahre einmal, daß
die Bézère reißend ihre Ufer verläßt, schnell um drei, vier Meter
steigt und dann die Straße bis zu den heutigen Wohnungen mit
ihren plötzlich tiefbraun gefärbten Fluten in einer Breite von fast
50 Meter bedeckt. Die ausgedehnteste dieser Überschwemmungen
beobachtete ich am 30. März 1913. Die Micoqueleute, von wo immer
sie mit ihrer ganz eigenartigen Kultur herkamen, fühlten sich auf
dem Steinhange, der bis 82 Meter hoch für sie wohnlich
war, sicherer als unten an den Ufern des Flusses bei nur 62 bis
67 Meter über dem Meere.

Auch das an der Basis von La Micoque liegende Tälchen des
Baches von Manaurie erlebt in unsern Tagen noch Überschwemmungen,
die alle drei bis vier Jahre die Wiesen in einer Ausdehnung von
70 bis 120 Meter unter Wasser setzen. Der sonnenwarme Fels von
La Micoque bot also den Urzeitleuten den geeignetsten Wohnplatz
während der an atmosphärischen Niederschlägen reichen Erdperioden.

Der große und schwierige Anfang zu systematischen Grabungen
war mit meinen Vorarbeiten gemacht. Leider aber zeigte sich
nirgend ein ruhiges geologisches Profil, das bestimmte Schlüsse
auf die ganze archäologische Gliederung der einzelnen Horizonte ge-
stattet hätte. Ich traf Stellen, wo weder Spitzhaue noch Brech-
oder Bohreisen hinreichten, um die Schichten freizubekommen. Aber
Klarheit mußte werden. Ich entschloß mich, im rechten Winkel
zum Abri ein Profil herauszusprengen; ich ließ Löcher bohren, sie
mit Chebbit laden und erhielt so mühsam in langen Wochen einen
Graben von 19 Meter Länge, 7 Meter Tiefe und 2 Meter Breite
(Abb. 41, S. 96). Acht Arbeiter waren mit dieser Sprengung einen
vollen Monat beschäftigt, zwei eigens ausgebildete Mineure leiteten
unter meiner Aufsicht die Arbeiten. Es gab eine gewaltige Erd-
bewegung, aber sie hatte den von mir erwarteten Erfolg.

Am untersten Ende einer Kieselschicht fand sich unmittelbar auf dem gewachsenen Boden eine primitive Feuerstelle, von der ich viel Asche hob.

Alle möglichen Instrumente, die dem Eiszeitmenschen zu seiner einfachen Lebenshaltung genügt hatten, kamen nun zum Vorschein: schöne Dolche aus Feuerstein (Abb. 42, S. 96), und aus dem gleichen Material auch Bohrer, Schaber und Fellkratzer in den verschiedensten Formen. Große Faustschläger fanden sich und daneben zierlich kleine Bohrerchen von nur 18 Millimeter Länge. Auch primitiv bearbeitete Knochen entdeckte ich, die als Pfrieme und Fellablöser gedient haben mochten. Ein Kalkstein war absichtlich ausgehöhlt und hatte vielleicht als Lampe oder Farbnäpfchen Verwendung gefunden. An Tierüberresten ergrub ich Stücke vom Riesenhirsch, vom Wisent und Wildpferd, vom Nashorn und vom Altelefanten. Ein Tier, dessen Spuren wir sonst in allen Ansiedelungen der Altsteinzeit begegneten, fehlte auf La Micoque ganz — das Renntier. Dieser Umstand gab für die Zeitbestimmung der Siedelung zu denken.

Das Renntier, das wir heute nur noch aus dem hohen Norden kennen, liebte jedenfalls kälteres Klima und benötigte die damit im Zusammenhang stehende Vegetation. Auf La Micoque waren die Überreste aller ausgestorbenen Tierarten auf alle Schichten verteilt; man konnte also nicht annehmen, daß während der Siedelungsdauer das Klima und damit die Tierwelt sich geändert hätte. Die Funde an Werkzeugen oder Waffen wiesen auf eine in sich geschlossene Epoche hin, und zum gleichen Ergebnis führte das Studium der fossilen Tiere. Das Renntier also fehlt hier. Es mag ihm das Wetter zu warm und ungemütlich geworden sein. Doch für sein Fehlen läßt sich noch ein anderer Grund anführen. Wir haben aus verschiedenen wissenschaftlichen Befunden alle Ursache anzunehmen, daß während der Besiedelungsdauer von La Micoque zahlreiche und langdauernde Niederschläge im Tal die Wasser stauten. Die fruchtbaren Ebenen, die weitausgedehnten Weideplätze lagen überschwemmt und behinderten so einen freien Auslauf der Tiere. Das Renntier aber ist leichtfüßiges Wild, es braucht viel Bewegung zu seinem Wohlbefinden, und es mied als eigentliches Moortier die steinigen, harten Gefilde der Hochebenen, die vom Wasser noch frei waren; es zog ab und kam erst in späterer Zeit wieder, als durch den Eintritt eines kälteren Klimas die Niederschläge aufgehört und die Talwasser sich verlaufen hatten.

Tatsächlich finden wir denn auch die Überreste des Renntiers wieder massenhaft in allen Perioden, die der späteren Nach-Micoque-Zeit zugehören, als wieder eine Eiszeit kam. Bis weit nach Südwesten machte sich da ein Temperaturrückgang geltend, und zwar auch in Gebieten, die selbst eisfrei blieben. Die geologischen Verhältnisse (die erdgeschichtlichen Beobachtungen) und die Bestimmung der Micoque-Tierwelt allein können uns also diese Siedelung nicht erklären, die Einteilung in die Zeitfolge des Paläolithikums (Altsteinzeit) nicht geben. Deshalb müssen wir alle Beobachtungen in eine Parallele bringen mit den archäologischen Befunden — den Steinwerkzeugen —, und dann kommen wir für La Micoque zu einer eigentümlichen Sonderstellung im Kreise aller Fundformen des Bézèretals. Diese Station kann nur einer warmen, niederschlagsreichen Periode angehören, die zeitlich zusammenfällt mit einer mittel- und nordeuropäischen Zwischeneiszeit; so habe ich sie auch in meinem Buche „La Micoque, die Kultur einer neuen diluvialen Rasse" (Leipzig 1916) wissenschaftlich gedeutet.

Dem Menschen dieser Epoche war eine selbständige Kultur eigen, die völlig abweicht von der Schablone der andern Diluvialvölker, und diese Sonderkultur bedingte auch Sondermenschen, eben einen eigenen alten Rassenzustand. Es ist mir gelungen, diese Kultur und damit die Rasse von La Micoque auf ihrem Siedelungsweg bis weit nach dem Norden Deutschlands zu finden. Darüber wollen wir uns im zwölften Kapitel unterhalten.

Zehntes Kapitel.

Kult und Kultur der Urmenschen.

Der Urmensch und das Feuer. — Die Epochen des Herdfeuers. — Bestattete Toten. — Große Menschheitsfragen. — Sitten, Bräuche und Ähnlichkeiten. — Ausblick in die Dämmerung des Menschheitsmorgens.

Wenn wir des primitiven Menschen Kulturäußerungen betrachten und uns mit der Frage beschäftigen, ob ihm auch schon ein Bedürfnis nach Kult und Ritus innegewohnt, ob seine Horde vielleicht schon Priester gekannt, und ob bei den einfachen Bestattungsformen nicht etwa bereits Seelenwanderungsglaube oder Vermutung nachirdischen Lebens mitgesprochen haben, können wir für all das Aufschluß nur im großen Lesebuch der Erde bekommen. Blättern wir in den Seiten dieses Buchs, betrachten wir die „Schichtensätze", so wird uns recht bald auffallen, daß manche dieser alten Kulturhorizonte schwarz gefärbt sind, deutlich Kohlenreste und Asche liefern. Der Urmensch hat schon früh das Feuer gekannt und er unterscheidet sich von den höher entwickelten Säugetieren zuallermeist dadurch, daß er schon frühzeitig verstand, das Feuer hervorzubringen und auch zu erhalten. Auf diesen großen Unterschied zwischen Menschen und Menschenaffen hat Klaatsch deutlich hingewiesen. Auf welchem Wege der primitive Mensch sich zuerst die Gewalt über das Feuer angeeignet hat, wissen wir nicht; aber als er zum Herrscher über dieses furchtbare Element wurde, war eine der größten Entwicklungsstufen erreicht und dem Urmenschen eine Macht gegeben, die ihm Urstier und Mammut nicht mehr so gefährlich erscheinen ließen. Blitzschlag oder vulkanische Erscheinungen mögen den Altsteinzeitmenschen auf die Macht und zugleich auf den Nutzen des Feuers aufmerksam gemacht haben. An trockenen Bäumen, an Moosen und Flechten sah er das neue Element sich ausbreiten, und so lernte er wohl, sich Glut zu erhalten und das Feuer immer bei der Hand zu haben. Aber auch beim Schlagen der Feuersteine sah er Funken entstehen, und sprang gar einer auf sein Fellgewand, so glimmte es weiter, und dem einfachen Menschen wurde der Weg bald klar, der ihn zur jederzeitigen Feuergewinnung durch Schlagen zweier Steine führte. Kein Tier hat ihm das je nachgemacht, und wenn auch Affen zwei Steine aneinanderschlagen und dadurch etwa Funken erzeugen, diesen Funken zu nützen verstehen sie nicht.

Wichtig ist die Frage, in welcher Periode man die ersten Spuren des Feuers überhaupt gefunden habe. Dem ganzen Problem ist überhaupt nie Beachtung geschenkt worden, bevor ich in meiner Arbeit über die neue Diluvialrasse von La Micoque die Feuerentwicklung klargestellt habe.

Die Spuren des Feuers und seiner Verwendung zur Zubereitung von Fleisch aus erlegten Tieren gehen zurück bis zum Acheuléen, zum Homo Mousteriensis Hauseri.

Den Acheuléenmenschen von Le Moustier umgaben, wie wir sahen, viele angebrannte Knochen, die nicht anders gedeutet werden können, als daß dem toten Jüngling über Feuer geröstete, reichliche Fleischspeisen mit auf die dunkle Todesfahrt gegeben worden waren. Wahrscheinlich kannten die Vorgänger dieser alten Rasse das Feuer und seine Verwendung auch schon; aber sichere Nachweise dafür stehen noch aus. Von dieser Zeit ab fehlen Kohlen und Brandspuren nicht mehr, und wie wir gleich erfahren werden, konnte ich sogar eine fortschreitende Entwicklung der Feueranlagen in den verschiedenen altsteinzeitlichen Epochen nachweisen. Der primitive Mensch hatte bereits die volle Herrschaft über das früher sicher gefürchtete Feuer erlangt; er besaß die Fähigkeit, es an irgendeinem Orte und zu irgendeiner Zeit neu zu schaffen, den Funken aufzufangen und auf dürres Reisig zu übertragen. In den drei aufeinanderfolgenden Perioden des Acheuléen, Moustérien und Micoquien fand ich wahllos die Feuerstellen verteilt. Sie lagen zumeist vor dem Eingang der Wohngrotte; unmittelbar auf der Erde hatte das Feuer gebrannt, und Kohle und Asche waren nach dem Verlöschen auseinandergebreitet worden. Sobald man aber zu Ablagerungen des Aurignacien kommt, ins sogenannte Jungpaläolithikum (den jüngeren Abschnitt der Altsteinzeit), zu den Ansiedelungen jener höher entwickelten, von Osten her ins Land eingedrungenen Aurignacienrasse, finden wir bei aufmerksamer Beobachtung eine andere Methode, das Herdfeuer zu behandeln.

Es kommt wohl die Herdstelle auf bloßer Erde noch vor, aber daneben finden wir ein Lager stark angekohlter Steine, meist harte, aus Flüssen stammende Kiesel: eine Art Herdplatte. Viele dieser Steine sind mitten durchgebrochen, im Feuer geborsten, und man findet oft die beiden zusammengehörigen Hälften. Meist sind diese Steine von Forschern bisher achtlos weggeworfen worden. Bei der Anwendung meiner Grabungsmethode aber, d. h. der Verbindung horizontaler und vertikaler Profile, wird man rechtzeitig auf solche geschwärzte Steine aufmerksam gemacht. Geht man ihnen horizontal nach, so sieht man plötzlich, daß sie nicht wahllos umherliegen, sondern in ganz bestimmter Form angeordnet sind, und meist zeigt sich die ganze Steinsetzung intakt: eine mehr oder weniger rundliche Herdanlage. Stets finden sich auf oder zwischen den einzelnen Steinen Spuren von Kohle oder Asche und angebrannte Tierknochen: kein Zweifel, wir haben den ersten regelrechten Herd vor uns. Diese Form der einfachen Herdplatte aus rundlichen Steinen bleibt während des ganzen Aurignacien bestehen, ja, wir sehen sie auch noch bis zum Schluß des Magdalénien.

Vom Solutréen an aber treffen wir bereits auf einen viel höher entwickelten Herd. Er dokumentiert sich durch zwei übereinander gelagerte Steinschichten. Die Kiesel der oberen Lage sind nur an ihrer unteren Fläche geschwärzt, die der Erde aufliegenden Steine dagegen nur an ihrer oberen Fläche. Zwischen beiden muß also das Feuer gebrannt haben, und in der Tat trifft man zwischen beiden häufig Holzkohle und Asche an.

Bemerken möchte ich hierzu noch, daß man die aus einem einfachen Bodenbelag von rundlichen Flußkieseln bestehende Feuerstelle nicht durchweg in jeder paläolithischen Siedelung antrifft. Weit seltener noch ist der oben beschriebene Herd mit der doppelten Steinsetzung. Jeder Horizont vom mittleren Paläolithikum ab ergibt aber oft weitausgedehnte Brandschichten. In diesen ist ein eigentlicher Herdplatz nicht festzustellen, die Brandspuren liegen vielmehr oft auf einer ziemlich langen Strecke verteilt, und daraus schließe ich, daß Feuer zur Bereitung von Nahrung zumeist direkt auf der Erde entfacht worden ist. Freilich kann es sich in diesem Falle vielleicht auch um ein wärmendes „Lagerfeuer" vor der Grotte oder um Feuer zum Schutz gegen wilde Tiere handeln. Nach dem Verlöschen des Feuers wurden vermutlich Kohlen- und Aschenreste auseinandergezerrt und der Platz eingeebnet; deshalb ist es nicht verwunderlich, wenn wir in den Kulturhorizonten so große Flächen mit Brandspuren antreffen.

An dem von mir beschriebenen Herde mit doppelten Steinsetzungen zeigt die obere Herdplatte Feuerspuren nur auf der unteren Fläche der Kiesel; die obere Herdplatte ist somit nie umgebaut worden. Damit scheint mir bewiesen, daß diese Feuerstelle fortgesetzt benutzt wurde, und ihr Zweck wird dadurch erklärlicher; es ist die Stelle, wo das geheimnisvolle Feuer immer brennt, wo es ständig unterhalten wird, damit es nie wieder verlösche. Die Funde an Werkzeugen, an Schmuckgegenständen, an kunstvollen Knochenerzeugnissen sind meiner Erfahrung nach an solchen Stellen ganz besonders reichhaltig. Die angebrannten Knochen des Jagdwilds liegen dabei stets auf der oberen Steinsetzung; mit andern

Worten: wir stehen hier vor einer weiteren Entwicklung des Feuer-
herds und damit vor einer wesentlich vervollkommneten Methode
der Zubereitung der Nahrung. Die obere Steinschicht hat offenbar als Rost gedient. Der mittlere Durchmesser eines solchen
Steinrostes beträgt etwa 0,6 Meter.

Unverkennbar liegt in diesem so lange unbeachtet gebliebenen
Herd ein deutliches Zeichen vorwärtsschreitender Kultur, deren
Hauptträger die Aurignacleute der Ostgruppe waren.

Die Anwendung des Feuers, die auf eine vollständige Beherr-
schung durch den Urmenschen hinweist, leitet sofort hinüber zu einem
weiteren wichtigen Kulturmoment: dem Kult und dem damit ver-
bundenen Ritus.

Den Jüngling von Le Moustier sahen wir regelrecht bestattet
und hernach bewacht von Angehörigen seines Stammes; denn ohne
diese letztere Vorsichtsmaßregel wäre die Leiche unfehlbar von den
Höhlenhyänen und Höhlenlöwen ausgescharrt worden. Nahrung
und Waffen wurden dem Toten mitgegeben und die Stätte mit
Steinblöcken verwahrt. Das eröffnet nach mehreren Richtungen
hin Ausblicke. Es sind erste Äußerungen eines Seelenlebens jener
Höhlenmenschen, und sie führen den Forscher notwendigerweise zu
neuen Schlüssen. Beim Aurignacmenschen (Homo Aurignacensis
Hauseri) von Combe Capelle sehen wir ähnliche Gebräuche ange-
wendet, nur in noch weiterer, höherer Entwicklung. Der Kopf des
toten Jünglings von Le Moustier war auf eine Art Steinkissen
gebettet, in Schlafstellung; der Fund von Combe Capelle zeigte
schon künstliche Hockerstellung und eine eigens ausgehauene Grube
für die Kreuzbeinregion: Beigaben und Schmuck waren hier reich
verwendet worden.

In einer andern Schicht, im Solutréen, fand ich später eine
Kinderleiche bestattet, mit rührender Sorgfalt ins Erdreich gebettet
und unter Steinen gesichert. Freilich hatten hier die zarten Knochen
nicht so standhaft den Witterungseinflüssen getrotzt wie beim Homo

38. Suchen nach Schicht auf La Micoque (S. 68).

39. Anlegung eines Grabens auf La Micoque (S. 69).

40. Grabungsfeld von La Micoque (S. 71).

Mousteriensis. Vom Skelett blieben nur wenige Teile erhalten, und auch der Schädel zeigte sich stark vergangen. Aber die Kiefer-partien waren erhalten, und an ihnen und den Zähnchen konnte das individuelle Alter bestimmt werden. Das Schädelchen war sehr dünnwandig, und das jugendliche Menschenkind konnte kaum mehr als drei Jahre alt gewesen sein. Die ersten Zähnchen waren alle noch da, und unter ihnen sah man an einigen befekten Kieferstellen die ganze Reihe der zweiten Zahnung wohlerhalten.

Beigaben in Form von Feuersteingeräten sind allen drei Toten mitgegeben worden und auch Nahrung, über Feuer gargeröstete Fleischstücke. Im stillen Tal der Vézère hat sich der Brauch, den Toten nicht ohne Leibesnahrung der Allmutter Erde zu übergeben, bis auf unsere Tage erhalten. Ich kenne neuzeitliche Grabstätten, wohin alljährlich am Tage vor Ostern Angehörige ein Schüsselchen mit guter Speise tragen; oft kommen nur noch weitläufig Verwandte aus großer Ferne zum Grab. Manchmal bringen sie auch jedes Jahr ein Paar neue Schuhe und stellen sie neben die Mahl-zeit: der Tote soll, wenn er noch nicht am glücklichen Ziel ist, finden, was ihm zur langen Wanderung nottut. Die neuen Schuhe werden auch tatsächlich benutzt; denn die alten vom vorigen Jahre stehen wenigstens nie mehr am Platze!

Das Wesen des Todes war dem Urmenschen sicher nicht klar; er sah wohl die Veränderung am sterbenden Bruder, er wird ihn schlafend geglaubt haben, bis das Vergängliche am Menschen ihn zwang, den stillen Jäger wegzuräumen. Es scheint aber, daß nicht jeder aus dem Stamme eines Begräbnisses für würdig befunden wurde; denn Spuren von Leichenbestattung, Skelette, oder auch nur Teile von solchen, sind äußerst selten. Die Ehre und Sorgfalt nach dem Ableben mag nur Bevorzugten der Horde zuteil geworden sein; die andern warf man vielleicht in den Fluß oder setzte sie auf den Höhen den wilden Tieren aus. Und weil es nur die Großen des Stammes waren, die Führer und Gewaltigen, also die kraft ihrer

Überlegenheit Geehrten und darum Gefürchteten, die bestattet wurden, wünschten die Hinterbliebenen nicht, daß der Tote je wieder
zurückkäme. Sie verwahrten den Ort, wo sie ihn hingebettet hatten,
mit großen Steinen, und diese Sitte bildete sich bei allen nach-
kommenden Völkern weiter aus. Wir sehen im späteren Altertum
regelrechte Grabkammern, wir kennen die Grabgrusten von heute, und
vor allem blieb eines bis auf unsere Zeit erhalten, wenn auch in
anderer Form, aus Pietät und zu liebevollem Gedenken: der Grab-
stein oder die Grabplatte. Ursprünglich aber, in ferner Urzeit,
war der Steinblock nicht Sinnbild des Erinnerns, er war Symbol
der Furcht. Der Tote hätte in irgendeiner Gestalt wiederkehren
können; man träumte gar von ihm und fürchtete sich. Die Bei-
setzung in Hockerstellung, die Schnürung der Füße und Arme, das
alles waren nur Abwehrmaßregeln.

Von Naturvölkern wissen wir auch, daß die Menschen sich irgend-
wie als verwandt mit der sie umgebenden Tierwelt betrachten, und
jeder hat sein Sinnbildtier, in das er sich nach dem Tode verwan-
delt glaubt. Dieses Tier, das dem Einzelnen oder der ganzen
Sippe als Verkörperung ihrer Seele dient, ist ihnen heilig: es wird
geschont und nie gejagt. Klaatsch hat diesen Glauben auch bei
seiner mehrjährigen Australienreise gefunden. Die Australier zeigen
ja auch in ihrem Körperbau und ihren Lebensäußerungen sehr viel
Anklänge an die Aurignacrasse.

Auf kleinen glatten Steinplatten finden wir die verschiedensten
Tiere dargestellt; wahrscheinlich zeichnete jeder der primitiven
Künstler das ihm besonders vertraute, von ihm oder seiner Sippe
verehrte Tier.

Die Furcht vor einer schädigenden Wiederkehr des Toten tritt
noch in anderer Form zutage. Der Forschungsreisende Dr. Adolf
Heilborn hat nachgewiesen, daß einige Naturvölker ihre Kopf- und
Armspangen nach dem Tode eines Angehörigen anders färben oder
mit Blättern verdecken: der Verstorbene soll sie an ihrem Schmuck

nicht wiedererkennen und sich nicht etwa an ihnen rächen können. Eine Parallele dazu üben auch wir, freilich unbewußt, heute noch; wir legen bei Trauer um Arm und Hut ein schwarzes Band, und zwar gerade an denjenigen Stellen, an denen der Wilde seine Zierreifen trägt!

Noch eine andere merkwürdige Beobachtung habe ich bei der Hebung der von mir entdeckten Skelette gemacht. Das Gesicht der Toten war immer dem Innern der Höhle zugekehrt. Bei Bestattungen aus frühgeschichtlichen Zeiten findet sich meistens eine Wendung des Schädels nach Osten hin. In der Altsteinzeit scheint man anders vorgegangen zu sein. An einen Zufall kann ich nicht glauben; denn wenn selbst nur noch Reste von Schädeln zum Vorschein kamen, ließ sich auch da noch ihre nach Westen gerichtete Lage feststellen. Die Höhlenbewohner müssen mit dieser Kopflagerung eine ganz bestimmte Vorstellung verbunden haben; die Schichtungsverhältnisse zeigten, daß auch nach der Bestattung eines Stammesangehörigen die Überlebenden ruhig in ihrer Grotte weiterhausten. Der Tote an und für sich verursachte keinerlei furchtsame Regungen; nur vor seiner Rückkehr in die alte Behausung hatten sie Scheu. Darum sollte der Bestattete wohl immer vor Augen haben, wie er bewacht wurde, wie ihn seine Brüder sorgfältig und ohne Unterlaß beobachteten. Wuchsen dann die „Küchenabfälle" vor der Tür des Hauses mit der Zeit derart, daß der Eingang beschwerlich wurde, dann erst verließen sie die Siedelung und damit auch den Toten, der ihnen aus der Ferne nichts mehr anhaben konnte.

Dem Jüngling von Le Moustier wurden die schönsten Geräte seiner Horde mit ins Grab gegeben. Damit verbanden sich wohl auch mystische Vorstellungen! Der Stammesführer von Combe Capelle bekam den besten Schmuck der Siedler mit, und wenn auch die Leute von La Micoque mir noch keinen körperlichen Rest beschert haben, so deuten gewisse Funde auch an dieser Stelle auf eine den Toten zuteil gewordene besondere Wertschätzung. In ganzen Paketen

6*

fand ich wundervoll gearbeitete Micoquekeile, die alle immer tabellos
erhalten waren, weil sie ganz im Schutz der innersten Wohnhöhle,
so recht eigentlich sorgfältig verwahrt lagen. Diese Instrumente
wiesen eine vollendete Technik auf und zeigten vor allem eine ganz
besonders fein ausgearbeitete, zierliche Spitze. Zum Stechen und
Schneiden hatte man sie sicher nie gebraucht; denn im Abfall findet
man nicht etwa abgenutzte derartige Stücke, sondern lediglich solche,
die bei der Herstellung gebrochen waren. Diese Micoquedolche
müssen einem besonderen Zweck gedient haben, sie scheinen mir
direkt Kultgegenstände gewesen zu sein, sonst würde man sie nicht
zu Dutzenden sorgfältig gehütet haben.

In einer Zeit, wo schon regelrechte Bestattung geübt wird, in
der man die Toten mit Wegzehrung versieht, ihnen den besten
Schmuck mitgibt, um sie zu versöhnen und milde zu stimmen, da
muß es auch Priester, Leiter der Zeremonien, gegeben haben.
Es mußte Orte geben, wo man sich zu mystischen Versammlungen
zusammenfand und dem Wichtigsten opferte, was dem Höhlenmenschen begehrenswert erschien: dem gefürchteten und zum Leben doch
so notwendigen Großgetier. Wir finden in Ausgrabungen jener
Zeit ausgehöhlte Steine, die als „Lampen" verwendet worden sein
dürften: in der Höhlung Fett und als Docht eine Sehne vom Tier
gibt die frühzeitliche Lampe ab; wir finden gehöhlte Steine, die
in ihrer unbedingt beabsichtigten Symmetrie der Höhlungen ein
Gefäß zum Auffangen von Blut der Tiere vermuten lassen; wir
finden Feuerherde, die in ihrer Anlage schon mehr an Altäre erinnern, und um diese Feuerstellen stehen die Hörner erlegter Tiere
und ihre Schädel; im Rund stehen Steinplatten mit schönen Tier-
gravierungen, am Altar liegt prächtiger Schmuck aus Perlen von
Bergkristall, aus gebohrten Zähnchen und Knochen, daneben gelochte Stangen vom Renntier, die reiche Zierde tragen, Kultstäbe;
und wir kennen lange Höhlen, deren Wände über und über bedeckt
sind mit Tierzeichnungen aus der Altsteinzeit. Das können heilige

Orte sein, deren Dunkel man mit den Lampen erhellt und deren Wände man mit Tierbildern geschmückt hat, um so das notwendig begehrte Jagdwild zu „bannen".

Der primitive Urmensch hat das himmlische Feuer gesehen — den Blitz —, die Wirkung der Sonne gefühlt, den Tag und die Nacht unterschieden; die Jahreszeiten sind ihm zum Bewußtsein gekommen, und in dieser gewaltigen Natur stand er klein und fast wehrlos dem Mammut, dem Löwen, dem Bison gegenüber. Wie soll ihm da Sinn zu mystischem Treiben gemangelt haben! Seine Beute hat er durch Kerbe auf Knochenstücken markiert; vielleicht hat er so auch Tage und Nächte angemerkt. Von solchen gekerbten Knochen finden sich gar merkwürdige Stücke vor. Nicht alle tragen gleiche Zeichen oder diese in gleichen Abständen; es wechseln größere und kleinere Striche miteinander ab, die Reihen werden unterbrochen durch andere Zeichen, die sich wiederfinden auf einer andern Seite des Knochens, oder auf einem Stein aus dem gleichen Schichtverband, und alles das liegt an bestimmten Stellen. Das muß eine tiefere Bedeutung haben!

Bei mehreren Knochenstücken fand ich eine so merkwürdige Anordnung der verschiedensten Zeichen, daß ich es wage, die Anfänge eigentlicher Schriftzeichen schon der Altsteinzeit zuzuweisen. Im harten Daseinskampf hat sich das Gehirn des Eiszeitmenschen in verschiedener Richtung entfaltet: Kampf mit den Elementen, mit den Tieren, Streit mit der Nachbarhorde, Krieg mit den einbrechenden neuen Rassen haben die geistigen Fähigkeiten unbedingt entwickeln müssen. Mit der höher entwickelten Rasse von Aurignac aber setzt eine neue Kultur ein, eine neue Feuertechnik tritt auf, Kunst wird geübt, und gleichzeitig bemerken wir mystische Regungen: es bildet sich ein Kult, der erhabener wird, je weiter sich die Rasse fortentwickelt bis zum Künstler der „unteren Wohnung" und zum Priester am Opferplatz, den ich kurz vor Ausbruch des Krieges entdeckt hatte.

Elftes Kapitel.

Eine Opferstätte vor 25000 Jahren.

Ein unscheinbarer Feuersteinschaber verrät einen geheimnisvollen Fund. — Schädel und Gehörn von Urwelttieren. — Der Altar. — Gravierte Steine und Opferschalen. — Der Priester der Urwelt.

Eines Tages fand ich an einer merkwürdigen Stelle einen schöngeformten Rundschaber. Wenn man sich fast zwei Jahrzehnte vertieft hat in die Gestaltung primitiver Werkzeuge, wenn man dadurch dazu gelangt, Parallelen ziehen zu können zwischen dieser Gestaltung — dem Produkt der technischen Formgebung — und der jeweiligen zeitlichen Stellung, wenn man also gewissermaßen die Menschen vor sich wandeln sieht, den Schöpfer dieses oder jenes Fundes zu sehen vermeint, so bleibt der steinerne Rundschaber plötzlich nicht mehr leblose Materie. Seine Lagebeziehung zur Fundschicht, seine Form und die Art und Weise seiner Ausführung schlagen sofort Brücken hinüber zum Urheber.

Der an und für sich für jeden Uneingeweihten belanglose Schaber aus Flint wies mir sofort die kulturelle Bedeutung des Fundplatzes. Wenige Meter davon entfernt lag ein mächtiger Felsblock von mehr als 400 Kubikmeter Inhalt. Er war einst von der Höhe des ausladenden Felsdaches abgestürzt und viele Jahrtausende unberührt liegengeblieben. Moos zog um ihn einen grünen Mantel, und auf seiner oberen Fläche hatten sogar ganz respektable Bäume Wurzel fassen können. Ich kroch unter den Block, grub mich möglichst nahe an seine Sohle heran und war erstaunt, hier trockene „staubige Erde" zu finden. Unendlich lange

Zeit konnte hier keine Feuchtigkeit eingedrungen sein, und in auffallend trockenem Zustande fand ich hier einige Tierknochen; mit
den bloßen Händen ließ sich die sandige Schicht entfernen, und
überall zeigten sich nun Knochen. Sie gehörten alle dem Renntier, Wildpferd und Bison an und lagen herum, wie wenn sie
erst vor wenigen Tagen bei einer Mahlzeit umherstreifender Zigeuner
liegengeblieben wären.

Aber Renntier und Bison! Und die durch den Felsblock geschützte Lagerung! Bei der näheren Untersuchung des Platzes ließ
sich folgendes Bild mit aller Deutlichkeit rekonstruieren:

Zur Zeit der Magdalénienleute, vor etwa 25000 Jahren,
lagerte an dieser Stelle eine Jägersippe, die hierhin ihre erlegte
Beute brachte. Während die Leutchen eines Tages Kopf und Ge-
weih eines Renntieres aufteilten und zu irgendeiner Verwendung
zuschnitten, muß eine gewaltige Erderschütterung stattgefunden
haben, ein Beben und Tosen begann den Felsen zu umbranden,
und wo einige Partien der Felswand durch frühere Verwitterung
schon schadhaft geworden, da sausten plötzlich auf den Vorplatz
der Wohngrotte große Blöcke herab. Von Grauen gepackt, ließen
die Jäger ab von ihrem Gewerbe, alles flüchtete ins Innere
der Höhle, und kaum waren die Bewohner meines Platzes ins
Innere des Abri geschlüpft, da lösten sich zu ihren Häuptern drei
gewaltige Felsstücke; das kleinste davon fiel gerade auf die Stelle,
wo die Jäger kurz vorher gesessen hatten, und zerschmetterte die
liegengebliebenen Knochen in Atome oder preßte besonders günstig
gelagerte Teile der Jagdbeute in den Boden. In Jahrzehntausenden traf kein Regen mehr die Stelle, vom Fels witterte nur wenig
ab und legte sich als feiner Staub und Sand über die Tierreste.
Soweit ich unter den Felsblock dringen konnte, lagen zermalmte
Knochen umher, lose von Sand bedeckt, und ich bekam unwillkürlich den Eindruck, als hätte mein Kommen die Höhlenmenschen eben
erst von ihrer Arbeit verscheucht: so unmittelbar und so unberührt

lag alles umher! Der Frost und die Niederschläge eines Winters und dazu ein technisches Kniffchen — was lernt der fleißige Ausgräber nicht alles in anderthalb Jahrzehnten! — legten schließlich den riesigen Felsblock „schmerzlos" etwas beiseite, und nun hatte ich freie Hand zu suchen und zu sehen, welch eigentümliches Gewerbe meine fernen Höhlenbewohner bis zu der Stunde hier getrieben, da das Erdbeben sie verjagt hatte!

Zuerst fiel mir eine ganz merkwürdige Anhäufung von Tierüberresten, wie ich sie sonst noch an keiner andern Ausgrabungsstelle beobachtet hatte, auf. Bei näherem Zusehen erwiesen sich diese Knochen samt und sonders als Schädelteile von Wildpferd, Bison und Renntier; daneben lagerten große Mengen von Hornzapfen und Geweihschaufeln und -sprossen, auch Stoß- und Backenzähne vom Mammut. Sonst findet man an den alten Lagerplätzen und in allen Kulturablagerungen immer eine große Menge aufgeschlagener Röhrenknochen, denen der Höhlenmensch das nahrhafte Mark entnommen hatte: an diesem neu entdeckten Platz aber fehlten solche Knochen gänzlich.

Bis zu einem Meter Höhe lagen ursprünglich Schädel und Hörner erlegter Großtiere aufgeschichtet. Der Felsblock hatte sein Geheimnis gut bewahrt, und immer merkwürdiger gestaltete sich im Verlauf der weiteren Ausgrabung die ganze Entdeckung. Zwei kunstvolle Harpunen mit fein ausgesägten Widerhaken kamen zum Vorschein, und bald sah ich auch sonderbar geformte Steine, die bis zu 60 und 70 Zentimeter groß waren. Nachdem ich sorgfältig die geringe Schicht Humus und Sand entfernt hatte, von der einzelne Partien bedeckt lagen, erkannte ich viele Steine in eigentümlicher Anordnung: sie lagen nicht wahllos zerstreut am Platze, sondern sichtlich in gewollter Aufstellung, die Anlage wie im Oval umgrenzend. Bald entdeckte ich auf einem dieser Steine eingeritzte Linien, die sich zu einem hübschen Tierbild formten (Nr. 32 in Abb. 43, S. 97, und 45, S. 112). Ich fand immer mehr Steine und kleinere Blöcke, und alle zeigten mehr ober weniger Spuren einer beabsichtigten Formgebung: behauen waren sie alle, unb sie kreisten ben merkwürdigen Platz ein. Schön bearbeitete Knocheninstrumente folgten: Pfrieme, kunstvoll gebohrte Nadeln, Glätter, bann mit Schnitzereien reich verzierte unb gelochte Stäbe, sogenannte „Kommandostäbe", bie ich aber eher als Zauber- ober Kultstäbe beuten möchte.

Ich brang in östlicher Richtung vor unb sah, baß ber Erbboden eine schwärzliche Färbung annahm. Ich vermutete mit Recht, baß ich mich einer Feuerungsstelle näherte, unb richtig: wohlgeordnet kam ein regelrechter Herb zum Vorschein (IV in Abb. 43 unb 44, S. 97). Aus Flußkieseln zusammengestellt, war bie Herbplatte in länglicher Form angelegt unb stark mit Asche unb Kohle überdeckt. In seiner unmittelbaren Nähe (V in Abb. 44) lagen Dutzende von Schmuckstücken: zierlich durchbohrte Zähnchen, gelochte Steine unb Knochenanhänger, Bergkristallperlen, Nadeln, Ocker, Kultstäbe — ein reicher Schmuck also, ben wohl ein Häuptling ber Sippe am heiligen Feuer niedergelegt haben mochte. Ober war's bas Parament, bie Ausrüstung, bes Priesters? Weshalb ich auf biesen Gedanken kam, bas will ich zusammen erzählen mit bem Fortgang ber Grabung unb ber Aufdeckung weiterer, geheimnisvoller Funde an bieser merkwürdigen Stätte.

Zwischen ben Blöcken 33 unb 44 (Abb. 43) lagen zwei große, noch scharfschneidende Klingen aus Feuerstein. Neben bem ausgehöhlten Schalenstein 33 (Abb. 43 unb 45) fand ich einen wundervoll gezierten unb künstlich gebohrten Kultstab. In nächster Nähe hob ich 10 Schalensteine, beren Verwendung ich mir an bieser Stelle nur als Gefäße zum Auffangen bes Blutes ber erlegten Tiere beuten kann. Einer bieser Steine wies als ganz besondere Eigentümlichkeit vier regelmäßig angeordnete Schalen auf; ber Stein selber in herzförmiger Gestalt maß in Länge unb Breite je 30 Zentimeter. Die vier Schalen waren in ber einen Richtung 10 unb in ber anbern 8 Zentimeter voneinanber angeordnet. Rasch mehrten sich

die Funde von mächtigen Hörnern des Bisons und des Renntiers.
Die gravierten Steine waren mit ihrer bildhaften Fläche alle gegen
die Mitte des Platzes hin, zum Feuerherd gerichtet. Deshalb
kann ich in diesem Herd keine gewöhnliche Feuerstelle anerkennen,
die etwa nur profanen Zwecken gedient haben sollte; hier kommt dem
Feuer eine erhöhte Bedeutung zu, es ist der Altar. Die erste
rituelle Stätte, die wir bis heute aus fernster Vergangenheit kennen!

Hier an dieser geheimnisvollen Stätte opferten die Jäger des
Magdalénien dem unfaßbar Gewaltigen, der ihnen die Jagdtiere
zutrieb, sie in rasender Flucht ihnen wieder entführte oder ihnen
ab und zu eines zu erlegen Gelegenheit gab. Diesem Großen,
Unverstandenen und deshalb doppelt Gefürchteten, den man nicht
sah, den man nur ahnte und zu fühlen vermeinte, brachte der
Primitive das Reinste und Imponierendste vom Tierkörper selbst:
Kopf und Gehörn. Auf dem Steinaltar erhielt man das Feuer
in fortwährender Glut, und daneben legte der Leiter der zeremo-
niellen Handlung, der urweltliche Priester, seinen Schmuck und
sein Gerät, Messer und Zauberstäbe. In kurzer Zeit entdeckte ich
eine Reihe gravierter Steine, von denen ich nur einige anführen will:
Stein 32 in Abb. 43 und 45 zeigt die gut ausgeführte Gravierung
eines jungen Bison. Auf Abb. 46 (S. 112) sehen wir einen ganz
besonders gut ausgeführten Kopf und die deutlich eingeritzte Rücken-
und Bauchlinie. Bald guckte aus der Erde Stein 31 (Abb. 43 und 45)
heraus: auf einem großen Block der zierlich gravierte Kopf eines
Renntiers. Der Block 42 (Abb. 43) trägt, wie wir auf Abb. 47
(S. 113) sehen, zwei nebeneinandergezeichnete Bisonten, und die
Rückseite des Steines weist sogar noch eine zierliche Renntier-
zeichnung auf. Abb. 48 (S. 113) ist eine Teilansicht eines gut
skulptierten Tierkopfes, der zum Stein 39 (Abb. 43) gehört.

Der ganze Platz hat in ovaler Form die Ausmaße von etwa
15 Meter Länge auf 8 Meter Breite. Eine ungeheure Menge von
Tierknochen und Schädelresten, von Hörnern usw. bedeckt den einen

Teil des Platzes bei der Feuerstelle; die Produkte der Kleinkunst bereichern das Gesamtbild außerordentlich.

Im ganzen archäologischen Aufbau zeigt diese Anlage etwas vollständig Neues, bisher durchaus Unbekanntes. Um einen Werk- oder Wohnplatz, woran man zunächst denken könnte, und wie ich sie typisch beide auf Station 20 der Laugerie basse 1907 bloßlegte, kann es sich hier unter gar keinen Umständen handeln. Wir haben hier weder Werkzeugsplitter, noch Abfallreste menschlicher Nahrung, noch Lernstücke in den Artefakten vor uns, sondern vollendete Klein- kunst, eine hervorragende Betätigung darstellender Kunst. Nicht ohne psychologischen Grund sind die Steine im Ring um eine Feuerstelle geordnet, alle Bildwerke dahin und gleichzeitig nach Osten gerichtet. Wir stehen hier, das darf ich nochmals betonen, vor etwas absolut Neuem, das in seinem inneren Zusammenhang und mit dem, was man aus den Sondierungsproben bestimmt noch erwarten darf, unser Verständnis des Seelenlebens, im besonderen der mystischen Anschauungen diluvialer Völker, in ungeahntem Maße fördern wird.

Eine ethnographische Parallele sehen wir in den „heiligen Steinen“ von Dekan in Indien, wie sie Lubbock in seinem Buche „Les ori- gines de la civilisation“ (1873, S. 367, Tafel 7) vorführt. Etwas moderner und deshalb profaner liegt bei Lubbock Ähnliches vor auch auf Tafel 4 im „Indischen Tanz“ und in den „Mœurs des sauvages américains“ (Bb. 2, S. 136), im „Tanz der Rothäute“ in Virginien.

Urzeit und Gottesglauben reichen sich in diesem großen, noch nicht völlig abgeklärten Dokument früher Menschheitstage die Hände. Die Akten über diese erste, bis jetzt bekannte Opferstätte der Alt- steinzeit sind noch nicht abgeschlossen. Wenn Europas Menschen von heute zurückkehren zum Friedensgewerbe, dann wird auch der Stimme des Urweltpriesters wieder zu lauschen sein, und er wird uns weiter zeigen, wie seines Stammes Geschichte einst wuchs und wieder erstarb.

Zwölftes Kapitel.

Das Werden der Urgeschichte und das Leben des Urmenschen.

Die Eiszeit und ihre Rassen. — Die Geschichte der neuen Wissenschaft. — Ihre Pioniere. — Kampf und Verkennung. — Der erste Fund von fossilen Menschen. — Der Streit um den Neandertaler. — Gorilla und der Jüngling von Le Moustier. — Micoqueleute in Deutschland. — List und Gesicht, die Anpassung. — Harte Daseinskämpfe. — Der Neandertaler ist tot, das Micoquien lebt. — Die Aurignacleute und ihre Kultur.

Die Funde an menschlichen Überresten aus dem Quartär (Eiszeit) Europas lehren uns das Vorhandensein mehrerer voneinander völlig verschiedener Rassen schon zur Zeit jener weit abliegenden Erdperiode. Betrachten wir nun diese Menschentypen einzeln und verfolgen wir, soweit die Ergebnisse der heutigen Forschung reichen, auch ihre Wanderungen und Siedelungen.

Es ist nicht uninteressant, einen kurzen Rückblick zu werfen auf die Entstehung der „Vorgeschichte" des Menschen als Wissenschaft und zeitlich die Funde zu ordnen, die diesen neuen Wissenszweig notwendig gemacht haben.

Eine gewisse dunkle Ahnung von der Existenz eines primitiven Zustandes unserer Vorfahren schien schon im klassischen römischen Altertum zu dämmern; auch im 18. Jahrhundert behaupteten einzelne französische und deutsche Gelehrte, es müsse vor der Benutzung von Eisen eine Zeit gegeben haben, während welcher man nur mit Steinwerkzeugen gearbeitet habe. Zu dieser Meinung mögen vielleicht Funde von Steinbeilen geführt haben, die man beim Pflügen und bei anderer Bodenbearbeitung entdeckte.

Die Funde, die uns hier hauptsächlich beschäftigen — aus der Altsteinzeit (Paläolithikum) — machten zuerst vom Jahre 1829 ab von sich reden. In Belgien entstanden die Anfänge zur neuen Wissenschaft durch Dr. Schmerling, der von 1829 bis 1833 derartige Funde ergrub. Aber alsbald erstand ihm ein Widersacher in der Person des großen Pariser Naturforschers Cuvier, der noch kurz vor seinem 1832 erfolgten Tode mit der ganzen Wucht seiner Autorität die Funde des Belgiers in Acht und Bann erklärte mit der schwerwiegenden Behauptung, daß es keinen fossilen Menschen gäbe.

Die Forschungen Schmerlings litten natürlich sehr unter diesen Anfeindungen, und der Begründer der Wissenschaft vom altsteinzeitlichen Menschen konnte die Anerkennung seiner Entdeckungen nicht mehr erleben. Nach ihm nahm ein Franzose (Boucher de Perthes) seine Ideen frisch auf und kämpfte sie durch, trotz größter Schwierigkeiten, die ihm die gelehrten Geister der französischen Akademien in den Weg legten. Mehr als zwanzig Jahre kämpfte Boucher de Perthes für die Anerkennung seiner Sache; Hilfe wurde ihm erst 1859 durch den Engländer Christy zuteil, der, mit irdischen Glücksgütern reich gesegnet, zusammen mit dem französischen Forscher Lartet die ersten großen Ausgrabungen in der Dordogne unternahm. Boucher de Perthes starb 1866, zwei Jahre bevor auch Lartet und Christy ihre Grabungen wieder einstellten, und vierzig Jahre später (1908) hat die „dankbare Nachwelt" diesem Begründer der Prähistorie in Abbeville ein Denkmal gesetzt. Entdeckerschicksal!

In Belgien und in Frankreich wurden indessen die Grabungen in Grotten und Höhlen fortgesetzt, und die Funde suchte man so gut wie möglich zu erklären. Im Jahre 1856 weckte ein merkwürdiger Fund in Deutschland das lebhafte Interesse aller Kreise, die sich mit dem Studium des lebenden und fossilen Menschen beschäftigten. In der Nähe von Düsseldorf, im Neandertal, fanden Arbeiter Teile eines menschlichen Skeletts, und dem Elberfelder Gymnasiallehrer Dr. Fuhlrott gelang es, von den bloßgelegten Resten noch einiges zu retten. Das wichtigste Stück war das Schädelbach, das merkwürdig flach erschien und sofort durch die mächtigen Knochenwülste über den Augenhöhlen auffiel. Die Gelehrten stritten sich über die Zugehörigkeit dieses Wesens und konnten sich nicht einigen, ob es Affe oder Mensch sei oder etwa ein Zwischenglied von beiden. Der größte Anatom seiner Zeit, Rudolf Virchow, erklärte rundweg die gefundenen Knochen und das Schädelbach als von einem alten gichtkranken Individuum stammend, das der gegenwärtigen Zeit angehöre, und wies bis zuletzt scharf alle andern Schlüsse auf ein sehr hohes geologisches Alter des Fundes zurück. Eine größere Autorität als Rudolf Virchow gab es nicht: seinem Urteil beugten sich alle Gelehrten, und die Reste des Neandertalmenschen begannen ihren zweiten Schlaf zu schlummern.

Vierzig Jahre lang wagte niemand mehr an das Problem des Neandertalers heranzutreten, bis der Straßburger Anatom Gustav Schwalbe das Problem wieder aufrollte und Klaatsch auf dem Anthropologenkongreß in Lindau 1889 die Frage mit all der ihm eigenen Schärfe trotz furchtbarer Anfeindungen zum Siege führte. Heute kennen wir die Rasse vom Neandertal: sie ist durch die reiche Lebensarbeit von Klaatsch fest begründet worden, und ihre Kenntnis bildet den Ausgangspunkt für die gesamten diluvialen Rassenfragen und damit einen Eckpfeiler in unserer eigenen Stammesgeschichte.

Im Jahre 1868 wurde im Dörfchen Les Eyzies Erde ausgehoben, die zu dem Damm der im Bau befindlichen Eisenbahnlinie Paris—Agen verwendet werden sollte. In der Nähe einer Grotte, Cro Magnon, kamen plötzlich fünf Schädel zum Vorschein, aber leider verstand niemand die näheren Fund- und Schichtenverhältnisse zu kontrollieren. Die Erdarbeiten wurden fortgesetzt, und erst mehr als eine Woche später erschien ein Pariser, um die Schädel mitzunehmen. So wissen wir leider über die Lagerung und die näheren Fundumstände dieser wichtigen Entdeckung nichts.

Das Jahr 1869 brachte durch den Pariser Gelehrten Gabriel de Mortillet eine Zusammenfassung und eine erste Deutung aller bis dahin gemachten Steinfunde. Er stellte zugleich eine Art System auf und reihte die einzelnen Funde, die sich sowohl durch ihre Beschaffenheit als auch durch den Fundort unterschieden, zu einer Zeitfolge ein.

1887 fand Fraipont in einer Höhle von Spy in Belgien Teile zweier menschlichen Skelette, die ebenfalls auf den Neandertaltypus hinwiesen. Die Fundumstände waren zum ersten Male berücksichtigt worden; es wurde zur sicheren Tatsache, daß die Menschenknochen und Schädel mit solchen von Mammut, Höhlenbär und Flußpferd zusammengelegen hatten, daher mit diesen ausgestorbenen Urwelttieren gleichen Alters sein mußten. Daneben lagen Feuersteinmesser, die Mortillet der Periode des Moustérien zuschrieb.

Dennoch wollte die Wissenschaft von einer Anerkennung der Prähistorie als berechtigter Nebendisziplin immer noch nichts wissen. Am hartnäckigsten verachteten die Vertreter der klassischen Archäologie und Philologie in ihrer Stubengelehrsamkeit alles, was mit Diluvialforschung nur im entferntesten zusammenhing. Die Forschungen von Schwalbe und Klaatsch — beide Bahnbrecher sind uns leider 1916 durch den Tod entrissen worden — verhalfen aber doch dem Studium des fossilen Menschen und seiner Kultur zum Durchbruch und zur endgültigen Anerkennung. Und als dann meine Entdeckungen des Homo Mousteriensis (1908) und Homo Aurignacensis (1909) (f. Kapitel 5—7) glückten, da wagte sich Widerspruch nur etwa noch aus persönlichen Motiven an das Licht des Tages.

Die in ihrer körperlichen Beschaffenheit und in der Äußerung ihres Werkzeugbedürfnisses so grundverschiedenen Rassen müssen notwendigerweise auch auf einen verschiedenartigen Entwicklungsstamm zurückgeführt werden. Ihre Herkunft muß nicht nur anthropologisch, sondern selbst auch geographisch eine abweichende sein.

Die Untersuchungen, die Klaatsch am Skelett des Acheuléen-menschen von Le Moustier vornahm, die exakte Prüfung der Beschaffen-heit der Schädelkapsel, der Ausguß derselben mit den noch deutlich erkennbaren Gehirnwindungen, die Formation von Stirn, Kiefer und Zähnen zeigten dem vergleichenden Anatomen bald Anklänge an die großen Menschenaffen, in diesem Falle an den Gorilla. Nicht etwa, daß damit hätte nachgewiesen werden sollen, der Jüngling von Le Moustier stamme letzten Endes von dem Gorilla ab; im Gegenteil, Gorilla und Acheuléenmensch zeigen lediglich verwandte Merkmale, die auf eine noch viel weiter zurückliegende gemeinsame Wurzel ganz bestimmte Schlüsse ziehen lassen.

Es kann als feststehende Tatsache gelten, daß der Urzustand des frühern Menschen auf einer Linie gelegen hat mit hochent-wickelten Säugetieren. In einem gewissen Moment spaltete sich aber der Stamm: der eine Zweig wurde zum Menschenaffen und konnte sich nie weiter bringen; dem andern aber wohnte die Fähigkeit zur großartigen Weiterentwicklung inne — die „Schöpfung", im er-habensten Sinne des Wortes, wurde zur Wahrheit; denn gerade in der nie rastenden Entwicklung und ständigen Umwandlung des zum Herrscher der Erde bestimmten Geschöpfes liegt das große „Werden". Zur Gattung Mensch bestimmt, hat das Individuum sich stets fort-entwickelt; und immer noch dauert Fortbildung und Rückbildung (oder Umbildung) einzelner Organe an. Der Anatom weiß, daß gerade in mancher Rückbildung eigentlich ein Fortschritt, eine Vor-wärtsentwicklung liegt.

Die Umbildung des urweltlichen Menschen ist natürlich immer Hand in Hand gegangen mit den mehr oder minder schweren Lebens-bedingungen, die ihn umgaben. Veränderungen des Klimas und der Vegetation und dadurch bedingte Änderungen der Tierwelt, die ihm die Leibesnahrung schaffte, konnten nie ohne Einfluß auf die Veränderungen seines Körpers bleiben. Die Gestaltung der Schädelkapsel und der Großhirnteile vom Homo Mousteriensis deutet

41. Der Verfasser bei der Arbeit auf La Micoque (S. 73).

42. Wildpferdunterkiefer und Feuersteindolch mitten in der Schicht auf La Micoque
(S. 74).

43. Opferstätte (S. 88).

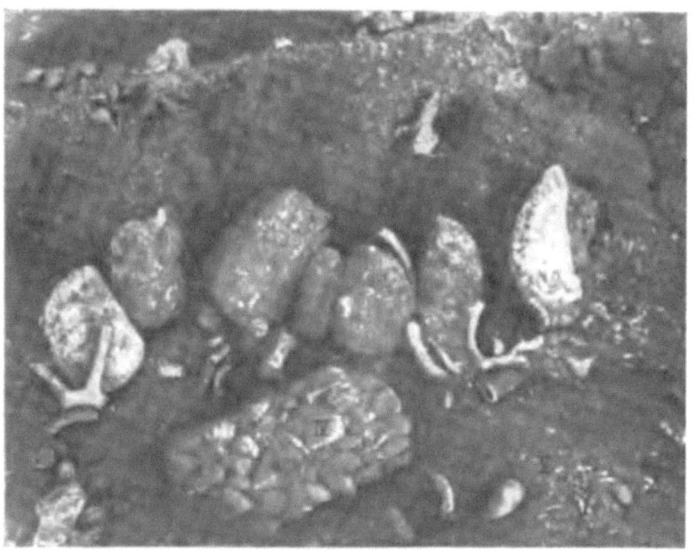

44. Opferstätte (S. 89).

auf eine mächtige Entfaltung des Sehzentrums hin. Der Gesichts-
sinn war ihm wesentlich notwendiger als etwa Geruch und Geschmack, wenn der Mensch mit Erfolg das ihm zum Lebensunter-
halte notwendige Wild überlisten wollte, und Klaatsch hat sicher
nicht unrecht, wenn er dem Menschen der Neandertalrasse ein voll-
gerütteltes Maß an List und Verschlagenheit zutraut. Sein Daseinskampf war unendlich hart, und um seine Wehr und Waffe war es
recht kümmerlich bestellt; da haben ihm eben List und Körperkraft
helfen müssen. Beides sehen wir ausgeprägt: die List und das
scharfe Gesicht in der starken Ausbildung des linken Hinterhaupt-
lappens, des Großgehirns, auf Körperkraft weist seine massige,
plumpe Skelettbildung. Das furchtbare Gebiß mag ihm nicht selten
auch als Waffe gedient haben.

Das „Handwerkszeug" des Acheuléenmenschen ist recht einfach,
mit wenigen Geräten wußte er sich zu behelfen. Mit seiner derben
Lebensweise stimmt es überein, daß ihm jeder Sinn für Kunst oder
auch nur für körperlichen Schmuck abging.

Das Vorkommen des Schmuckes hat übrigens eine viel tiefere
Begründung, als man gewöhnlich vermutet. Zierde ist nicht entstanden aus Gefallsucht. Der Ethnologe Dr. Adolf Heilborn hat
das treffend erklärt in seiner „Allgemeinen Völkerkunde" (Band I), und
gerade meine Ausgrabungsergebnisse bestätigten seine Ansicht. Der
genannte Forscher gibt folgendes als Quelle des Schmucktriebs an:

Wenn der Jäger der Urzeit sich eine Beute erlistet oder erkämpft
hatte, und wenn diese Beute ganz besonders selten oder wertvoll
schien, so wird er sich, wie heute noch der Jäger stolz mit dem
„Barte" sich schmückt, irgendeinen Teil davon (Zähne, Horn,
Fell usf.) eigens als Prunkstück umgelegt haben. Dieses Wertobjekt
bildete für ihn eine Auszeichnung vor andern Gliedern seiner Horde,
die ähnliches noch nicht besaßen, und nirgends war es sicherer aufgehoben als gerade an seinem eigenen Körper; da konnte es ihm
am wenigsten entwendet werden. Die Buschmänner tragen heute

noch, was sie besitzen, mit sich herum. Was der Primitive als sein eigen schätzte, was für ihn eine Auszeichnung bedeutete und ihn gar noch im Ansehen der Brüder hob, das mußte den Neid der „Besitzlosen" erregen; damit war schon der Grund zur persönlichen Eitelkeit gelegt und die Idee, sich zu schmücken, gegeben.

Solche Regungen waren dem Moustérienmenschen noch fremd. Für mehr als seine Leibesbedürfnisse fehlte ihm jede Initiative.

Die Primitivität seines Geistes offenbart sich auch darin, daß er keine weiten Jagdausflüge unternahm; wir finden die auf der Jagd etwa verlorenen Geräte nur in kleinem Umkreise seiner eigentlichen Wohnstellen. Es mangelte ihm auch die nötige Behendigkeit, um gefahrlos Felsen und Hänge zu erklimmen; diese Tatsache geht deutlich genug aus der Gestaltung des Skeletts hervor.

Aus dem Nebelgrau gewaltiger Zeiträume tritt der Jüngling von Le Moustier in die Erscheinung. Ein wirklicher Mensch, aber furchtbar primitiv noch; seine Geräte zeigen gewisse technische Fertigkeiten, aber mit irgendeiner noch so leisen Regung von Schmucksinn oder künstlerischem Empfinden haben sie nichts gemein.

Die Werkzeugformen haben sich gegen das Ende dieser Erdperiode (dritte Eiszeit) etwas geändert; sie sind vor allem kleiner geworden. Der große „Faustkeil" wird seltener und stirbt ganz aus. An seine Stelle tritt eine richtige Spitze (die Moustierspitze), auch wieder aus Feuerstein geschlagen, von 3 bis 12 Zentimeter Länge. Manchmal sind daran beide Längskanten glattschneidend — es ist das erste richtige Messer —; eine Spitze ist nötig, weil die Arbeit des Schneidens viel leichter vor sich geht, wenn das Fell erst durchstochen ist. Das Mammut verzieht sich allmählich, der Altelefant tritt an seine Stelle, Riesenhirsch, Wildpferd, Bison und Höhlenbär bleiben, aber das Renntier weicht. Die Erde tritt in eine neue Phase ein, die Gletscher gehen langsam zurück, ein warmes Klima bringt größere Niederschläge. Es beginnt die letzte Zwischeneiszeit (die dritte) und eine ganz eigenartige Kultur zwingt uns die Überzeugung auf, daß auch der alte Mensch von Le Moustier — die Neandertalrasse — nicht mehr am Leben ist.

Aus dem Südwesten Frankreichs bringe ich jene ablösende Kultur von La Micoque, das Micoquien, von dem ich im neunten Kapitel gesprochen habe. Es schien auffallend, daß diese Kultur nicht auch anderswo als nur in der Dordogne gefunden worden war. Auf einer Studienreise erkannte ich Anfang März 1916 diesen gleichen Formenkreis — fast als Aschenbrödel verkannt und mißdeutet — in Deutschland wieder. Wenige Wochen nur hat es gedauert, bis ich die gleiche Epoche auf ihrem großen Weg von Nordost nach Südwest habe nachweisen können, und bestimmt werden sich bald noch weitere Siedelungen derselben Zeit finden. Bei Leipzig beginnend, ziehen sich die Wohnstätten der Micoqueleute gegen Bayern hin, zum Main. Dann fand ich sie am 18. April 1916 wieder in den Funden vom hohen Wildkirchli am Säntis, die im Naturhistorischen Museum St. Gallen verwahrt liegen, und neuerdings gelang es mir, für die Schweiz weitere Siedelungen der Micoque-Epoche zuzuweisen, deren Befunde, bis heute unrichtig gedeutet, z. T. das Museum in Solothurn birgt und die uns auch die neuen Ausgrabungen der Grotte von Cotencher, im westschweizerischen Kanton Neuenburg, brachten. Wohl die am meisten typische Fundstelle des mittleren Europa liegt am Main, bei Lichtenfels in Bayern. Eine Berglehne, in ihrem Aussehen La Micoque nicht unähnlich, hat viele Funde dieser Art geliefert, und nach der Fundstelle, Köften, habe ich diesen deutschen Formenkreis als „Köften-Micoque-Typus" in die Wissenschaft eingeführt.

Leider fehlen uns vom Menschen dieser Epoche noch körperliche Überreste; ein einziger Fund kann dazu gehören — ein Unterkiefer von Ehringsdorf bei Weimar. Sicherlich werden sich bei genauerem Studium auch Belege für die Rassenzugehörigkeit jener Leute der letzten Zwischeneiszeit finden. Es darf aber heute vielleicht schon angenommen werden, daß alle Merkmale dieser neuen Diluvialrasse

7*

auf gewisse Ähnlichkeiten mit der Stammwurzel des Schimpansen hinweisen.

Eigenartig und mannigfaltig ist das Gerät, das dem Micoquemenschen gedient hat. Da finden wir auf einer vertikalen Schichtausdehnung von 6 bis 8 Meter Höhe alle möglichen Instrumente beisammen: kleine und kleinste Bohrer, scharfe Klingen, dann Fellschaber und Dingerchen, die man sich nur als einstmals in einen Schaft gefaßte Pfeilspitzen vorstellen kann; allen möglichen Schaber- und Kratzerformen begegnen wir, und zwar merkwürdigerweise Geräten, die schon viel früher, Tausende von Jahren vorher, den ältesten Ureinwohnern auch eigen waren. Wie aus einer unbewußten Tradition heraus erstanden gleichsam Werkzeugformen wieder, deren erste Erzeuger zeitlich unendlich weit zurücklagen.

Es kam aber noch viel überraschender. Funde aus Feuerstein, sorgfältig bearbeitet, die auf eine nächstjüngere Epoche hinweisen und für diese sonst charakteristisch sind, lagen vermengt mit den eben geschilderten Objekten, deren ganze Formgebung an viel ältere Stufen erinnerte. Artefakte (künstlich hergestellte Gebrauchsobjekte), die Ähnlichkeit haben mit dem alten Acheuléen und Moustérien (der dritten Eiszeit), lagen friedlich und in ganz ungestörter Schicht neben Dingen, die eigentlich erst in der auf das Micoquien folgenden Periode (vierte Eiszeit), im Aurignacien, hätten auftreten sollen. Freilich waren diese Funde mit denen nach oben und denen nach unten hin nicht völlig gleich, ihre Technik wechselte etwas; aber, oberflächlich betrachtet, waren sie doch in ihren technischen Grundzügen übereinstimmend. In der letzten Zwischeneiszeit lebten Leute, deren Werkzeugformen nicht nur Eigentypen sind, sondern zugleich recht innige Anklänge an längst entschwundene und an andererseits damals noch nicht existierende Erdperioden zeigen. Doch auch dafür gibt es eine natürliche Erklärung, und sie wird uns verständlich, wenn wir Aufschluß in der Völkerkunde, in der Ethnologie, suchen.

Die Forschungsreisenden, die in die nordischen eisigen Gefilde vordringen, die kühnen Pioniere, die wilde Völkerstämme im Süden unseres Planeten besuchen, bringen von beiden Orten Werkzeuge mit nach Hause, die in ihren Grundformen und in ihrer praktischen Anwendung erstaunliche Verwandtschaft zeigen. Wie ist das möglich, fragen wir, daß hoch im Norden und weit unter dem Äquator Völkerhorden, die nichts voneinander wissen, die geographisch weit voneinander durch die „Kulturwelt" getrennt liegen, gleiche Waffen fertigen, durch gleiche Ideen auf gleiche Produkte kommen? Antwort gibt uns nur der Anatom. Er weiß, daß die Quelle jeglicher Idee im menschlichen Gehirn Sitz und Wirkungszentrale hat. Dort lösen sich die Gedanken, die Ideen aus; wir kennen heute die Bedeutung der einzelnen Gehirnabteilungen durch die wunderbaren Versuche der Physiologie (der Lehre von den Erscheinungen und Verrichtungen des Lebens), und durch sinnreiche Experimente können wir nachweisen, warum und woher dem einzelnen Organ, z. B. der Hand oder dem Fuß, Befehl und Kraft wird zur Ausführung bestimmter Funktionen.

In den Schädeln der Urzeit fehlt zwar die vergängliche Masse der Gehirnsubstanz, aber die Eindrücke der Gehirnwindungen haben sich im Innern der Schädelkapsel bleibend erhalten, und darin liest der Anatom.

Vom ältesten Urweltbewohner an bis auf unsere Zeit ist das Gehirn sich gleich geblieben; der Sitz des Gesichtes z. B. hat sich nie verschoben. Ganz gleiche Gehirnfunktionen müssen also dem Urmenschen und den jetzt lebenden „Kultureuropäern" eigen sein. Die Notwendigkeit, sich Leibesnahrung zu verschaffen, löst Verlangen nach Werkzeug und Waffenbesitz aus, und nur die Form, der äußere Ausdruck dieser handgearbeiteten Geräte, kann sich verschieden gestalten, je nach den technischen Fähigkeiten des Individuums. Der primitive Mensch richtet sich ganz besonders nach dem vorhandenen Rohmaterial. Der Erhaltungstrieb, der Waffe und Werkzeug geboren hat, führte zur Nutzung des besten Materials. Der Zwang und der Wille zu leben, schaffen dann das Objekt in dieser oder jener Form. Das menschliche Gehirn arbeitet seit Urzeiten in immer gleicher Weise und Richtung, in ihm werden sich immer ähnliche Gedankenverbindungen auslösen, und zwar unabhängig von Zeit und Ort. Die Eskimos im Norden brauchen zur Jagd Pfeil und Bogen wie die Buschmänner Südafrikas; der Urzeitmensch hat eines Messers bedurft, um das Fleisch von Knochen und Haut zu lösen, gerade wie der zivilisierte Europäer beim festlichen Mahl. Nach immer gleichen, unendlichen Prinzipien arbeitet das menschliche Gehirn; da werden Wünsche zum Leben geboren, der Wille zur Selbsterhaltung, der Trieb zu Liebe und Haß. Verschieden zeigt sich nur die Ausführung, die Umformung des Gedankens zur Tat, die abhängig bleibt von rein technisch erworbenen Fähigkeiten und bedingt liegt im vorhandenen Material. Wo man Bronze und Eisen kannte, kamen Gußformen und Schmelzöfen; wo nur Steine sich boten, da suchte man diese zu gewollten nützlichen Formen zu schlagen. Wo der einfache Mensch durch Reiben zweier Steine das Polieren und Glätten erfand (wie in der jüngeren Steinzeit, im Neolithikum), da erstanden die geschliffenen Steinbeile.

Was der Mensch des Neolithikums verstand, treiben heute noch ungezählte Stämme des Südens, Jahrtausende nachher und ohne Tradition aus jener Zeit vor 6000 Jahren. Die Funktion des Gehirns blieb sich gleich im urzeitlichen Europa und im heutigen Norden und Süden. Wenn wir heutigen Menschen genötigt wären, mit Steinen nur Steine zu dürftigen Werkzeugen zu schlagen, so könnten wir aus dem Feuerstein keine andern Formen herausbringen, als wie sie die Altsteinzeit uns lehrt; denn der Feuerstein springt zu jeder Zeit und an jedem Ort nach ganz bestimmten Gesetzen. Mehr als kurze oder lange Späne brächten wir auch nicht fertig, und aus ihnen könnten wir wiederum mehr nicht herausarbeiten als Bohrer, Schaber und Kratzer, gerade wie die

Urweltrassen der Dordogne. Darum ist es gar nicht verwunderlich, wenn Norden und Süden, Gegenwart und Vorzeit ähnliche Dinge geschaffen haben.

Die Micoqueleute, von anderer Rasse und höher schon stehend als die Horde des Jünglings von Le Moustier, verstanden den Stein schon besser zu nützen und gaben ihm alle Formen, die ihnen zweckdienlich erschienen und überhaupt aus dem spröden Material herauszubringen waren. Das sind allein die Gründe, weswegen wir so mannigfaches Inventar auf La Micoque finden.

Die letzte Zwischeneiszeit, bedingt durch den Rückgang der europäischen Vergletscherungen, geht ihrem Ende entgegen. Langsam kühlt sich die Temperatur ab, die Talwasser verlaufen und versickern, die Ebenen an den Flußläufen bedecken sich wieder mit saftigem Grün; denn weit von da ab liegt das Eis. In nördlicher Richtung gehen die Gletscher kaum über Lyon hinaus; im Süden schließt der Nordrand der Pyrenäen die Eiszone ab, und zwischendrin blüht neues Leben. Heute wissen wir noch nicht, wohin sich die Leute von La Micoque gewendet haben; sind sie ausgewandert oder sind sie den veränderten klimatischen Verhältnissen erlegen? Die Zeit, in ernster Forschung genützt, wird einst auch hier Licht und Klarheit bringen.

Die nächstälteste Menschenrasse ist verkörpert in dem Skelett von Combe Capelle (Aurignactypus). Wir haben im siebenten Kapitel gesehen, wie rein äußerlich schon der Aurignacmensch verschieden ist vom Typus der Neandertalrasse, vom Jüngling aus dem Acheuléen von Le Moustier. Die Differenzen der geistigen Entwicklung haben wir im zehnten Kapitel behandelt.

Bei der Besprechung der körperlichen Eigentümlichkeit dieser von mir neu entdeckten Menschenrasse können allein die genialen Forschungen von Klaatsch wegweisend sein. Die Kultur von Aurignac ist von allen andern Formenkreisen unbedingt abweichend, ihr Träger kann somit nur selbständig, von außen, ins Land eingebrochen sein. Keinerlei Anhaltspunkte liegen etwa dafür vor, daß sich aus dem

Neanbertaler ein Aurignacmensch hätte entwickeln können. Klaatsch nennt sie mit Recht „zwei getrennte Zweige der Urmenschheit" und hat dafür unumstößliche wissenschaftliche Belege erbracht, die nicht im Rahmen meiner allgemeinen Darlegung liegen. Die Verschiedenheiten beider Rassen zeigen sich einmal in den Maßen von Schädelhöhle und -breite, in der Stirnbildung, dem Fehlen der typisch neanbertaloiden Überaugenwülste. Die Hinterhauptlappen des Großgehirns sind noch viel stärker entwickelt als beim Jüngling von Le Moustier. Bei diesem fallen die großen, runden Augenhöhlen auf, beim Aurignacmenschen werden sie „normaler", d. h. sie beginnen sich schon mehr der rechteckförmigen Gestalt wie beim Jetztmenschen zu nähern. Die Zähne sind weniger groß, das Gebiß und die Bildung der Kieferpartien weit mehr unsern Begriffen von „Menschensform" genähert. Die Befunde am übrigen Skelett, die auf die Verschiedenheit von Neanbertal- und Aurignacrasse weisen, brachten Klaatsch auf die notwendige Parallele zwischen den gorilloiden Zuständen des Moustierskeletts und den unverkennbaren Anklängen von Aurignac an den Orang. Es gilt für Aurignac-Orang, was ich schon für Neanbertal-Gorilla gesagt habe; nicht eine Ableitung aus dem betreffenden Menschenaffen ist gegeben, wohl aber Hinweise auf eine gemeinsame Stammwurzel. Die Australier, die Klaatsch während seiner beinahe vierjährigen Forschungsreise (1904—1907) mit außerordentlichem Erfolg studiert hat, gaben dem Gelehrten wertvolle Ähnlichkeitsbefunde mit dem Aurignactypus.

Diese neue Diluvialrasse zeigt in einigen Punkten auch Anklänge an den Neanbertaler, und es ist gar nicht ausgeschlossen, daß beide Rassen sich irgendwo auf ihren langen Ab- und Zuwanderungen gekreuzt hätten. Aber das gesamte Bild der Aurignacrasse weist mit aller Bestimmtheit ihren Vertretern den Rang einer eigenen, selbständigen Form zu. In Krapina (Kroatien) sind neben Neanbertalern ebenfalls Vertreter dieser alten Menschheitsgruppe gefunden worden.

Vom Aurignactypus ab scheint eine stete und direkte Entwicklung des biluvialen Menschen eingesetzt zu haben. Als nächste Form kommt ein Skelett aus der Nähe von Périgueux in Betracht. In der Altsteinzeitsiedelung in Chancelabe wurde 1888 ein wohlerhaltenes menschliches Skelett gehoben und von Professor Testut in Lyon meisterhaft beschrieben. Klaatsch fand an diesem Objekt noch zahlreiche Anklänge an Aurignac und eine direkte Vorstufe zum nächstfolgenden Typus von Cro Magnon.

Diese letztere Fundstelle liegt im Dörfchen Les Eyzies und hat, wie ich im siebenten Kapitel erzählte, fünf Schädel geliefert. Wir sind damit am Ende der letzten, der vierten Eiszeit angelangt. Der Mensch von Cro Magnon zeigt nicht mehr das furchtbare Äußere der Neandertalrasse, er steht auf einer schon recht bedeutenden Kulturstufe; denn ihm gehört jener Künstler=Träumer der „unteren Wohnung" zu, den wir im fünften Kapitel bewundern konnten.

Alle diese urzeitlichen Rassen sind nicht da entstanden, wo wir die Spuren bis heute haben antreffen können. Auf ihrem Entwicklungswege kamen sie ins heutige Europa; der Ausgangspunkt ihrer Wanderungen muß weit weg zu suchen sein.

Die rassenanthropologischen Forschungen, die Ergebnisse vergleichend anatomischer Studien weisen den Angehörigen der gorilloiden Moustier=Neandertal=Rasse eine Urheimat fern im Westen; ihre Ausbreitung nahm westöstlichen Weg.

Die Leute von La Micoque, die heute in Mittel= und Südeuropa von mir festgestellte, wahrscheinlich schimpansoide Kösten=Micoque= Rasse, dürfte von Nordosten gen Südwesten sich ausgebreitet haben.

Von Osten nach Westen brachen die Aurignacleute in Europa ein, und ihre Rasse trägt unverkennbare orangoide Merkmale.

Drei selbständige Rassengruppen, von denen jede wieder eine eigenartig neue Kultur mit sich brachte und bei ihrem Erscheinen auf heute europäischem Boden sicher auch unterschiedliche Kultäußerungen zeigte. Auf dem Wege ihrer weiten Wanderungen, aber

noch außerhalb der europäischen Diluvialgebiete, mögen sich Angehörige dieser verschiebenen Urrassen begegnet sein. Daß z. B. Vermischung von Neanbertalmenschen und Aurignacleuten stattgefunden hat, zeigten die anatomischen Befunde am Skelett des Homo
Aurignacensis.

Eine ebenso wichtige wie dankbare Aufgabe wäre es, den Weg,
den jede dieser Rassen genommen hat, möglichst weit zu verfolgen,
die Schnittpunkte einzelner Zuwanderungswege festzustellen, geologisch zu erforschen, welche Übergänge in der betreffenden Erdperiode
passierbar gewesen sein können und so ein abgerundeteres Bild vom
Urzustand unserer Vorfahrenreihe zu schaffen.

Zum letztenmal ziehen sich die gewaltigen Eismassen Mittel-
und Norbeuropas zurück. Die Erde hat ihre heutige Gestalt bekommen, die Gegenwart ihrer Geschichte, die Periode des Alluviums,
beginnt und setzt ein mit den Funden der jüngeren Steinzeit, dem
Zeitalter des geschliffenen Steins. Bronze- und Eisenzeit folgen
sich. Man versteht die Tiere zu zähmen und nährt sich vom Ackerbau, man wird seßhaft und erfindet die Töpferei.

Die Höhlenmenschen der Diluvialzeit erscheinen uns in nebel-
ferner Weite, aber in ihren Geräten und Kulturäußerungen haben
wir sie auf vielen Entwicklungsstadien begleitet. Das große „Lesebuch der Erde" hat uns das Wundersamste des Kosmos nähergea-
bracht: uns selbst im Spiegel der Vergangenheit. Das große „Geschehen" ist uns verständlicher geworden und damit die immer fort-
dauernde Umordnung alles dessen, was uns umgibt: Vergehen und
Werden in nie endender Folge.

Dreizehntes Kapitel.

Die Geschichte der Erde.

Geschichte und Prähistorie. — Die jüngere und ältere Eisenzeit. — Die Bronze-zeit. — Alt- und Neusteinzeit. — Das Quartär (Diluvium, Eiszeit) und Tertiär. — Die Zwischeneiszeiten. — Zeitliche Tabelle der Erdperioden. — Die eis-zeitliche Flora. — Das Tertiär. — Der Tierpark der Kreidezeit. — Jura-formation. — Der Urvogel Archäopteryx. — Noch ältere Perioden. — Erste Spuren klimatischer Unterschiede. — Die Bildung der Steinkohle.

Die Betrachtung der menschlichen Kultur, der Geschichte aller Völker und Zeiten, hat früher nur zurückgereicht bis zu den Momenten, aus denen uns die ältesten schriftlichen Überlieferungen bekannt sind. Wir haben „Geschichte" getrieben und uns an den Gedanken gewöhnt, daß das, was sie uns erzählt, kritisch gesichtet und somit unbedingt wahr sei.

Historische Begebnisse sind für uns Tatsachen und dadurch Weg-weiser der Zukunft geworden. Jedes Volk, das seinen Aufstieg beginnt, jede Nation, deren Sinken uns die Geschichte lehrt, findet eine Parallele in Gegenwart und Zukunft. Das zwanzigste Jahr-hundert gibt alles nur in größeren Dimensionen, was historische Zeiten früher schon bewegt hat. Die Geschichte der Vergangen-heit so gut wie das Leben der Zukunft können nur immer wieder neue Beweise der ständigen Umordnung alles Bestehen-den, des immerfort andauernden „Werdens" und „Vergehens" erbringen.

Weit mehr als in früheren Zeiten fragt man sich heute, was denn eigentlich wohl v o r der historischen Zeit gewesen sei, ob es damals auch schon Leute unseres Schlages gegeben, was sie damals getrieben, wo sie gelebt und wie sie gekämpft haben.

Wie diese Dokumente aus der vorhistorischen Zeit zu finden wären, das allerdings wußte man lange nicht. Und als sich dann Dinge im Boden fanden, die man nicht deuten konnte, die aber von recht achtbarem Alter zu sein schienen, wurde man doch wieder gleich mißtrauisch: es fanden sich keine „notariellen Beglaubigungsschriften" dabei, kein Geschichtschreiber erzählte von den neuen Sachen, und an und für sich trugen die Funde auch keine Zeichen, die man sinn= gemäß hätte deuten oder philosophisch erklären können. Ein schwerer Fall! Und Sünder, wer mehr lehrte, als Schrift und Geschichte besagen! Bald rollen hundert Jahre vorüber an jenen ersten Funden ältester Erdperioden, von denen ich im zwölften Kapitel dieses Buches erzählte, und noch stehen die steinernen Zeugen der Urzeit nicht an dem ihnen gebührenden Ehrenplatze. Dogma und Begrenztheit klas= sischer Auffassung tragen mit Schuld daran. Viele Jahrzehnte lang hat man die alten Funde des Bodens mit phantasievollen Dichtungen umgeben: diese waren leichter und schöner, als schwerfälliges Suchen nach Wahrheit und wirklichen Zusammenhängen. Der nackte Stein, auch wenn er sichtlich von alten Menschenhänden in Form gebracht war, zeigte vielen nicht die „schöne Gestalt" und war schwer ver= ständlich. Eine Verbindung hinüber zu den Funden des klassischen griechisch=römischen Altertums ließ sich schlechterdings nicht herstellen. Man negierte, solange es anging, und als man schließlich doch Stellung zu den Neufunden nehmen mußte, bekrittelte man sie am besten vom klassisch=historischen Standpunkt aus! Und doch ist des Traumkünstlers Schaffen aus dem fünften Kapitel dieses Buches niemals in einen Zusammenhang zu bringen etwa mit der griechischen Kunst historisch belegter Zeit!

Die Bodenfunde der germanischen Zeit wurden schon eher anerkannt; sie lagen uns näher, ihre Völkerschaften saßen zwischen Rhein und Weichsel, zwischen Donau und Nord= und Ostsee. Die

Römer trafen erstmals Ende des zweiten Jahrhunderts v. Chr. auf die Germanenstämme. Der römische Historiker Tacitus gibt uns darüber den besten Aufschluß.

In die Zeit von etwa 50 bis 400 v. Chr. verlegen wir die jüngere Eisenzeit — La-Tène-Zeit genannt nach dem Hauptfundort La Tène am Zihlkanal des Neuenburger Sees. Die Formen der Schwerter aus dieser Epoche, die Gewandnadeln (Fibeln), die Lanzenspitzen, alle aus Eisen, sind von eigenartiger Charakteristik und kennzeichnen diese Epoche.

Die ältere Eisenzeit, die Periode von Hallstatt, kann in die Jahre 400—900 v. Chr. gelegt werden. Der typische Haupt-fundort Hallstatt liegt in Oberösterreich, und dieser Epoche gehören kunstvolle, figural gezierte Bronzegefäße an, Töpfe besonderer Art und eigentümliche Schwerter und Gewandnadeln.

Etwa von 900 bis 2500 v. Chr. setzen wir die Bronzezeit an. Aus einer Legierung von $9/_{10}$ Kupfer und $1/_{10}$ Zinn fertigte man alle nötigen Instrumente, Zierat und Schmuck; daneben aber ver-wendete man noch häufig Beile und Messer aus Stein, eine Re-miniszenz der nächstälteren Periode, der jüngeren Steinzeit oder des Neolithikum, dem Zeitalter des geschliffenen und polierten Steines, das etwa von 2500—7000 v. Chr. zurückreicht. Das ist die Zeit der ersten Ackerbauer und der berühmten schweizerischen Pfahlbauten.

Vor dieser jüngeren Steinzeit müßten wir eigentlich eine Über-gangsstufe jener fernen Vorzeit finden, die wir in den bisherigen Kapitelabschnitten dieses Buches durchwandelt haben, eine Kultur, deren Dokumente deutlich in den Funden liegen und uns augen-fällig eine Entwicklung aus dem Primitiven der Altsteinzeit (Pa-läolithikum) zum Zeitalter der geschliffenen Steine (Neolithikum) weist. Allerdings meinen viele Gelehrte, in den Funden des so-genannten „Campignien", „Mesvinien", „Tarbanoisien" diesen Über-gang sehen zu sollen. Ich werde in einem späteren Buche darüber meine langjährigen Studien, die realen Fundbeobachtungen behandeln und zeigen, daß wir keineswegs die Lücke sicher überbrückt haben, die Alt- und Neusteinzeit anthropologisch und archäologisch noch tatsächlich trennt.

Von der Gegenwart der Erde, dem Alluvium, kommen wir unvermittelt hinab in die Zeit des Quartärs, des Diluviums, der Eiszeit, und sehen uns plötzlich vor eine fremde Kultur gestellt: wir erkennen andere Menschenrassen und ganz andere Lebensäußerungen des Urmenschen.

Der Geologe deutet uns die Blätter im Buche der Erde; er zeigt uns, warum die Erdoberfläche mit Hügeln und Tälern durchsetzt ist, und beider Entstehung wird uns klar. Der geologisch geschulte Blick läßt uns die Wunder schauen aus dem Aufbau der Erde, wir sehen in die Jahrmillionen vor dem Quartär: das Tertiär.

Die Erdperiode des Tertiärs zeigt in ihrer Tier- und Pflanzenwelt weit mehr Anklänge an die Gegenwart der Erde, als etwa an die ihm vorausgehende Periode, die sogenannte Kreidezeit. Die Säugetierwelt hat sich rasch entwickelt; denn die klimatischen Verhältnisse machten sich schärfer bemerkbar, weil die Verteilung von Festland und Wasser in ein neues Stadium trat. Die Beziehungen zwischen Meer und Land kamen den jetzigen Zuständen immer näher.

Unsere Alpen, die Karpathen, die Pyrenäen haben sich im Tertiär fertig gebildet und ihre heutige Gestaltung angenommen. An charakteristischen Pflanzen finden wir aus tertiären Ablagerungen Palme, Lorbeer, Myrte, Feige, Ahorn, Pappel, Nußbaum, Birke und Eiche. An großen Dickhäutern lebten damals Rhinozerosarten und mächtige Vorläufer der Altelefanten; Pferde und Antilopen traten in die Erscheinung, neben echten Affenarten und den vielen andern Säugetieren, deren lebenden Nachkommen wir heute noch begegnen.

Die Tertiärzeit ist ausgezeichnet durch eine rege Tätigkeit der Vulkane: Basalte und Phonolithe legen davon Zeugnis ab. Merkwürdig bleibt es, noch ein dunkles Geheimnis, warum auf diese warme Erdperiode ein großer und geographisch weitverbreiteter Temperaturrückschlag eintreten konnte.

Die dem Tertiär folgende Zeit, das Quartär oder Diluvium, trägt nicht umsonst den Namen Eiszeit. Warum sich schon im beginnenden Diluvium große Eismassen bilden konnten, das zu erklären sind wir noch nicht imstande. Die Ursachen können in einer Verschiebung des Verhältnisses von Land und Wasser liegen, können aber auch begründet sein in Veränderungen an den Polen der Erde. Nach der Theorie von Svante Arrhenius sollen Änderungen der chemischen Beschaffenheit der Erdatmosphäre zusammen mit reger vulkanischer Tätigkeit den auffälligen Wechsel von Wärme und Kälte bedingen. Sichere Gründe kennen wir aber wie gesagt noch nicht: wir kennen die Ursachen nicht, sondern nur die Folgeerscheinungen, eben die Eis- bzw. Gletscherbildungen.

Von Skandinavien her drang ein gewaltiger Eisstrom vor gegen Norddeutschland bis hin zum Erzgebirge und zum Harz. Bis zur Donau reichte das Massiv des Rheingletschers, Isar- und Inngletscher bedeckten Oberbayern, und daneben entstanden noch im Lande selbst sogenannte Inlandeismassen, lokale Bergletscherungen. Die Eiszeit blieb aber nicht etwa beschränkt auf die nördliche Halbkugel; auch in den Südländern gab es starrendes Eis und weitverzweigte Gletschermassen.

Die Alpenländer und die Pyrenäen haben eine viermalige Vereisung durchgemacht; Norddeutschland zeigt Spuren dreier Bergletscherungen, während der größte Teil Frankreichs — und darunter gerade das Gebiet, in dem ich mehr als ein Jahrzehnt auf des Urmenschen Spuren gewandelt bin — eisfrei blieb. Die Gletscher reichten nur wenig über Lyon hinaus, und im Süden blieb sehr der Nordfuß der Pyrenäen eisfrei.

Diejenigen Gebiete, die vom Eise nicht erreicht wurden, zeigten nichtsbestoweniger ein verändertes Temperaturbild. Von der Eisgrenze aus wurden diese Zonen natürlich klimatisch beträchtlich beeinflußt, und in ihnen mußte sich notgedrungen die Tier- und Pflanzenwelt ändern, den unwirtlichen neuen Verhältnissen anpassen.

Zwischen den Zeiten der größten Gletscherausdehnung gab es aber immer wieder Jahrtausende mit milderem Klima, während deren die Eismassen ganz beträchtlich zurückwichen und zum Teil abschmolzen. Solche Perioden nennt man Zwischeneiszeiten (Interglazialperioden). Die Tier- und Pflanzenüberreste dieser Zeiten weisen auf gemilderte klimatische Verhältnisse hin und geben wertvolle Anhaltspunkte zu rekonstruierendem Aufbau der Erdoberfläche und zur Entwicklung ihrer Fauna und Flora. Über diese klimatischen und faunistischen Zustände verweise ich für das Tal der Vézère auf mein Buch „La Micoque", S. 8 ff.

Aus den im Erdboden gemachten Funden an alten Tierüberresten, an Abbrücken von Hölzern, Pflanzen und Blüten, aus den Steinwerkzeugen, deren Entstehung allein nur dem Menschen zugeschrieben werden darf, hat sich mit der Zeit eine Einteilung der erdgeschichtlichen Funde herausgebildet.

Wir sind heute so weit, über die Aufeinanderfolge der fundführenden Schichten eine Art Tabelle, eine Zeitfolge aufzustellen, die ich S. 122 und 123 in einem Schema, das zum Teil auf meinen eigenen Forschungen aufgebaut ist, wiedergeben will.

Aus dieser Tabelle gehen einmal die verschiedenen Eiszeiten und die sich zwischen diese einschiebenden Zwischeneiszeiten hervor. Dann erkennen wir aus dieser Aufstellung die Kulturfundepochen, während welcher der Urmensch gelebt hat, und die nach einzelnen Fundstellen benannt und charakterisiert sind. Über diese einzelnen Kulturepochen werden wir nachher zu sprechen haben.

45. Opferstätte (S. 88).

46. Tier, in einen Stein geritzt (S. 90).

47. Tierreliefs in Stein (S. 90).

48. Tierkopf, aus einem großen Stein skulptiert (S. 90).

Ferner gibt uns das Schema Aufschluß über die Art der großen Urweltsäugetiere, die das Leben des Eiszeitmenschen bedrängt, ihm aber zugleich die nötige Leibesnahrung gegeben haben. Die Funde an menschlichen Skeletteilen haben wir ebenfalls chronologisch in das Schema eingefügt.

Zur Vervollständigung des Bildes, das wir uns aus der Welt des Eiszeitalters machen dürfen, gehören noch einige Worte über die damalige Pflanzenwelt, über die eiszeitliche Flora. Was von der Tierwelt bereits gesagt ist, gilt im gewissen Sinne auch von den Pflanzen: die eigentlichen Eiszeiten, die Glazialperioden, zeigen in den Überresten, die wir heute ab und zu in den diluvialen Erdschichten finden, im wesentlichen ein anderes Bild als die Interglazialperioden, die Zwischeneiszeiten. Das wärmere und feuchtere Klima dieser letzteren hat eine andere Entwicklung der Pflanzenwelt ermöglicht als das trockene, kalte Klima der eigentlichen Gletscherzeit. In der Aufzählung der diluvialen Flora folge ich den mir freundlichst zur Verfügung gestellten Daten, die der bekannte Eiszeitgeologe Dr. Emil Werth in der demnächst erscheinenden zweiten Auflage seines der Sammlung Göschen angehörenden Büchleins „Das Eiszeitalter" gibt.

Dr. Werth bemerkt bezüglich der Glazialpflanzen, daß wir sie heute noch in den gleichen Gebieten lebend antreffen, in benen wir sie als längst ausgestorbene Zeugen grauer Vergangenheit (fossil) dem Erdboden entnehmen können. Wir finden da die Stechpalme, den Haselstrauch und an Bäumen neben Kiefer, Fichte, Edeltanne und Eiche auch die Pappel, Linde und Birke. In den Zwischeneiszeiten begegnen uns Buchsbaum, Walnuß, Ahorn und Linde und an Sträuchern vor allem Rhododendron. Neben diesen Pflanzenarten bestand in unmittelbarer Umgebung der vereisten Gebiete nach Dr. Werth noch eine eigentliche Eiszeitflora mit hochalpinen Formen, wie mehrere Weidenarten, dann eine Bergbirke und verschiedene Steinbrechgewächse. Diese eigentliche Eiszeitflora finden wir von Schweden, vom Finnischen Meerbusen, bis nach Galizien, nach Sachsen und dem Süden Englands verbreitet. Ähnlich wie wir nach den Funden an ausgestorbenen Großsäugetieren die einzelnen Stadien des Diluviums einzuteilen pflegen in Eis- und Zwischeneiszeiten, so bilden auch gewisse Pflanzen fehlerfreie Leitmerkmale für die gleichen Erdperioden. Wir wissen, daß die genannten hochalpinen Formen nur in den eigentlichen Glazialzeiten, und andere, wie Birke, Kiefer und Buche, nur in der Nacheiszeit gelebt haben können.

In der Tabelle S. 122 führen wir die Erdgeschichte bis zum Tertiär. Doch vor der ältesten Periode des Tertiärs, vor dem Eozän, belebten schon Tiere und Pflanzen das Weltall. In der Aufeinanderfolge der Erdschichten finden wir als nächstälteste die Kreideformation. In jener Zeit gingen die Reptilien, die lungenatmenden Kriechtiere, zurück: Frösche und Salamander traten auf, Knorpel- und Knochenfische erschienen. Die Ammoniten und Belemniten, deren versteinerte Reste heute so mancher Naturbewunderer auf seinen Wanderungen sammelt, sind verschwunden. Kleine Lebewesen erscheinen in ungeheuren Mengen, wie die Radiolarien und die Foraminiferen, die die mächtigsten Kreidebänke bildeten. Korallen entwickeln sich, Muscheln, Schnecken und Seeigel treten in allen möglichen Formen auf. Haie und Rochen beleben die Meere. Die Reptilien wachsen in der Kreideschicht zu gigantischen Größen; ich erinnere hier nur an die mächtigen Saurierformen, deren riesenhafte Skelette wir heute staunend bewundern. Im Tierpark der Kreide leben Krokodile, Schildkröten, und die Luft durchschneiden große Vögel mit bezahntem Oberkiefer und die geheimnisvollen Flugsaurier.

Dringen wir noch tiefer ein ins Innere unserer Erdoberfläche, so kommen wir zur Juraformation. Es ist die Blütezeit der Ammoniten und Belemniten, der Korallen, Seelilien und Seesterne. Aber auch von den Landtieren bekommen wir Kunde in den

Einschlüssen des Solnhofener Schiefers: da sehen wir die Welt der Insekten, der Krokodile und Schildkröten, mächtigster Flugsaurier, von denen einer in amerikanischen Ablagerungen die imposante Länge von 24 Metern erreicht. Diesen Schichten entstammt, in Solnhofen, auch der berühmte Archäopteryx, ein Urvogel, eine Art Eidechse mit Federschwingen, ein Übergangsglied zwischen Kriechtieren und Vögeln.

Vor der Juraformation, also noch älter als diese, setzt die Geologie die Trias, das Perm, dann die Karbonzeit, das Devon, und noch tiefer Silur und Kambrium an. Im Silur finden wir die ersten Wirbeltiere, als Fische, die aber nicht mit Schuppen bedeckt, sondern durch Panzerplatten geschützt sind. Das Rheinschiefergebirge führt uns in das Zeitalter des Devon mit Spuren von Festland und einer Landflora. An Wirbeltieren treffen wir hier nur Fische, aber diese in einem sehr großen Formenreichtum. Eine scharfe Abtrennung von Festland und Meer tritt im Karbon zutage. Die Kohlenformation ist als oberste Gruppe im Aufbau dieser Zeit entstanden. Typische Pflanzen für diese Zeit sind mächtige Schachtelhalme und Farne, dann Bäume aus der Lepibobendrongruppe, die bis zu 30 Meter Höhe anwachsen; auch Stechpalmen belebten die Landschaft.

An dieser Stelle sei es erlaubt, auch noch einiges über die klimatischen Verhältnisse jener Jahrmillionen abliegenden Zeit zu sagen. Aus mancherlei Befunden geht hervor, daß zum erstenmal im Kambrium deutliche Spuren eines bestimmten Klimas sich bemerkbar machten. Es müssen damals starke klimatische Unterschiede im Norden und Süden, zwischen Äquator und Pol bestanden haben. Die drei folgenden Erdperioden standen sich klimatisch ziemlich gleich; immerhin ist kein einheitliches Klima in den verschiedenen Breitengraden anzunehmen. Am bedeutungsvollsten für uns ist die Zeit des Karbon geworden; denn da erstand uns der schwarze Diamant, die Steinkohle. Ganz sicher steht noch nicht

8*

fest, wie die enormen Massen dieses wertvollen Materials sich gebildet haben; ein Gärungsprozeß mag mit zu ihrer Bildung beigetragen haben. Perioden mit mehr oder weniger Niederschlägen wechselten miteinander ab, und es hat nicht unbedingt eines tropischen Klimas zur Bildung der dem Karbon eigentümlichen Pflanzenwelt bedurft. Wir finden in Australien und Südafrika sogar Spuren eines Inlandeises während der Karbonzeit.

Da, wo im Karbon lokale Eisbildungen bestanden hatten, zeigten sich in der darauffolgenden Erdperiode des Perm Feuchtigkeit und in europäischen und nordamerikanischen Gebieten Trockenheit. Während der Trias haben Meere und Seen große Gebiete beherrscht.

Die Verteilung von Wasser und Land hat auch in der folgenden Periode, der Jurazeit, die Temperatur beeinflußt und bestimmt. Die Südhalbkugel zeigte bereits höhere Temperatur als die Nordhalbkugel.

Eine höhere Temperatur, als sie der Gegenwart eigen ist, charakterisiert das folgende Tertiär. Wo wir heute nordische Flora sehen, muß sie damals ungefähr derjenigen des heutigen Norditalien entsprochen haben, mit Pappeln, Ulmen, Linden, mit Schneeball, Haselstrauch und Schwertlilie. Im nördlichsten Grönland muß zu jener Zeit die mittlere Julitemperatur 17—18 Grad betragen haben, während sie heute nur noch 2—3 Grad beträgt. Im mittleren Tertiär hatten wir in Mitteleuropa eine Temperatur von etwa 18 Grad im Mittel. Im Beginn des Tertiärs, im Eozän, finden wir z. B. in Aix-en-Provence Fächerpalmen mit $1^1/_2$ Meter langen Blattwedeln, Bambus, Bananen, Zypressen, Zimt, Tulpen, den Gummibaum, die Weinrebe, Myrte und Ebenholz. Spanien zeigte ein Klima wie heute Marokko, und auch Nordamerika schien von einem bedeutend wärmeren Klima begünstigt gewesen zu sein als jetzt. Je mehr sich das Tertiär seinem Ende näherte, desto merklicher trat eine Abkühlung der Temperatur ein. Schon im unteren Miozän traten Fröste auf, aber dennoch konnte sich recht lange die

Palme halten. Wir erkennen ſie noch in der miozänen Braunkohle von Sachſen, Thüringen und bei Bonn.

Ich habe ſchon darauf hingewieſen, daß wir die Urſachen dieſes außerordentlichen Temperaturrückganges nicht kennen. Wir ſtehen vor der vollendeten Tatſache, daß nach dem Tertiär im Quartär (Diluvium, Eiszeit) der nördliche Teil Europas mit einer mächtigen Eismaſſe ſich bedeckte, die bis 1000 Meter anſtieg. Vom nördlichen Ural bis zum Rhein ging das Eis, das öſtliche England, Mittel- und Nordengland, die Alpen bis München und Augsburg, das Erz- und Rieſengebirge und der Schwarzwald ſtarrten in eiſigem Gewande. Spaniens Schneegrenze lag um 1000 Meter tiefer als heute. Alle dieſe Vereiſungen beruhten wohl auf lokalen Urſachen.

Vierzehntes Kapitel.

Das Alter der Kulturschichten.

Verschiedene Arbeitstechnik der Steinfunde. — Das Chelléen, die älteste Epoche des französischen Paläolithikums. — Die Steinwerkzeuge des Moustérien. — Solutréen und Magdalénien. — Künstlerische Knochenindustrie. — Zwei neue Entwicklungsperioden: Acheuléen und Aurignacien. — Eolithen. — Jahreszahlen der Urmenschenzeit. — Vor 180000 Jahren!

Wir haben nun der Erde älteste Tier- und Pflanzenwelt kennen gelernt, sind den klimatischen Veränderungen aus der Urzeit gefolgt und wenden uns jetzt zu des Menschen eigenen Werken. Auch hier wird unsere Betrachtung durch ein gewisses Schema geleitet.

Die einzelnen Steinfunde sind an den verschiedensten Fundstellen ihrer äußern Form nach immer zu unterscheiden: es gab einfache, primitive Geräte an einem Ort, am andern fand man aber besser zubehauene Feuersteinobjekte, die auf den ersten Blick eine vervollkommnete Arbeitstechnik verrieten. Dann traten gar noch kunstvoll geschnitzte Knocheninstrumente hinzu. Als erster erkannte diese Ausführungsunterschiede der bekannte französische Gelehrte Gabriel de Mortillet, und er ging sogleich daran, die bis 1869 gemachten Funde nach ihren Fundstellen in Gruppen zu trennen.

Er unterschied grob und roh aus großen Feuersteinblöcken zubehauene Schlagwerkzeuge, die man sich als große Fäustel, als Faustkeile — „coups de poing" — dachte, und die ganz speziell in großen Mengen und fast als einheitliche Typen an der Marne, bei Chelles, gefunden wurden. Nach ihnen nannte Mortillet diese Fundstufe Chelléen, als älteste Epoche des französischen Paläolithikums.

In einem kleinen Dörfchen des Departements Dordogne, in Le Mouſtier, von dem ich im zweiten und vierten Kapitel geſprochen habe, fanden ſich auf einer Kalkterraſſe andere alte Steinwerkzeuge von weſentlich abweichendem Ausſehen: im beſonderen kleine Spitzen mit einer ſcharfſchneidenden Seitenkante, dann beſtimmte Formen von Schabern oder Kratzern, deren Verwendung man ſich als Fell- ſchaber zu denken haben wird. Dieſen Formenkreis nannte Mortillet das Mouſtérien (Abb. 49—52, S. 120).

In der Nähe von Macon, im Departement Saône-et-Loire, entdeckte man unterhalb eines ſteil abfallenden Felsmaſſives ſorgſam zugeſchla- gene Feuerſteinſpitzen von der Form eines Lorbeerblattes; man nannte denn auch dieſe Lanzenſpitzen „feuilles de laurier". Daneben traf man auf kleine, mit einer Kerbe verſehene Pfeilſpitzen, „pointes à cran"; ihnen beigeſellt traf man nun ſchon Werkzeuge — Knochen und Pfrieme — aus Renntiergeweihen geſchnitzt. Dieſe ganze Fundkategorie hieß man nach dem Fundplatz Solutré das Solutréen (Abb. 53—61, S. 120).

Eine vierte Hauptgruppe benannte man nach der alten Bézère- ſiedelung La Madelaine das Magdalénien (Abb. 62—65, S. 120). Bemerkenswert für dieſe jüngſte Entwicklungsſtufe im Diluvium iſt das maſſenhafte Vorkommen von bearbeiteten Renntierknochen, Ge- weihſtangen, von Elfenbein, das Vorkommen von zahlreichen Schmuck- gegenſtänden aus durchbohrten Knochen und durchbohrten Zähnchen verſchiedener Tierarten. Merkwürdigerweiſe tritt in dieſer Epoche die Ausführung von Feuerſteinmaterialien weſentlich zurück und macht einer ausgedehnten, zum Teil künſtleriſchen Knocheninduſtrie Platz. Die Feuerſteinwerkzeuge nehmen an Zahl zwar nicht ab, es tritt im Gegenteil zum früheren Inventar noch ein großer Variationsreichtum von Werkzeugen, wie Gravierſtichel, Bohrer, kleine, feine Nadeln und große Klingenmeſſer hinzu; aber die Sorgfalt der Feuerſtein- technik iſt bedeutend zurückgegangen.

In dieſes Schema drängten ſich nachträglich noch zwei neue Ent- wicklungsperioden: das Acheuléen und das Aurignacien. Das

Acheuléen wird so genannt nach dem typischen Fundort St. Acheul bei Amiens und steht zeitlich zwischen dem Chelléen und Moustérien (Abb. 66—70, S. 120). Das Aurignacien (nach dem Ort Aurignac im Departement Haute-Garonne) läßt sich chronologisch vor dem Solutréen einreihen (Abb. 71—81, S. 120). Das Acheuléen ist ausgezeichnet durch vier charakteristische Funde: den fein ausgeführten Faustkeil, einen Fellschaber, einen scheibenförmigen Schaber und ein rohes Klingenmesser. Im Aurignacien begegnen wir Knochenpfeilspitzen, die an ihrer Basis gespalten sind, damit sie besser geschäftet werden konnten. Daneben treffen wir zum erstenmal Gravierstichel, weil in dieser Epoche die Knochenbearbeitung und die Verzierung von Knochen und Steinen mit Ornamenten und Tierdarstellungen ihren Anfang genommen hatten.

In meinem Buche „La Micoque, die Kultur einer neuen Diluvialrasse" habe ich grundlegend nachgewiesen, daß die Kultur von La Micoque als völlig selbständige Erscheinung innerhalb des altsteinzeitlichen Formenkreises anzusehen ist. In der Tabelle S. 122 gebe ich die Stellung des „Micoquien-Hauser" im Entwicklungskomplex des Paläolithikums (Abb. 82—95, S. 121).

Der Formenreichtum dieser Station war bisher sehr schwer zu differenzieren, weil die Funde eine ganz außerordentliche Verschiedenheit aufweisen. Wenn wir die Feuersteinobjekte aus dieser großen Ausgrabung mit denen des Magdalénien, des Solutréen, oder des Aurignacien, Moustérien oder Acheuléen vergleichen, so finden wir merkwürdigerweise nach allen diesen Epochen hin einige Anklänge. In der Betrachtung des kulturellen Gesamtbildes aber erkennen wir doch sofort die Eigentümlichkeit dieser Micoquewerkzeugtechnik. Wenn wir die Tierüberreste mit berücksichtigen, so zeigt La Micoque eine absolute Selbständigkeit im ganzen Zeitfolgesystem des Paläolithikums. Nur die umfassendsten Ausgrabungen haben es mir ermöglicht, diese Siedelung richtig zu erklären und aus dem Gesamtbild von Hunderttausenden von Funden heraus ihre zeitliche Stellung zu bestimmen. Die Funde von La Micoque haben früher

49—52. Moustérien (S. 119).

49, 50: Frühtraper aus Feuerstein von Le Moustier, Terrasse, Station 43, Moustérien.
51, 52: Typische Spitzen, ebendaher.

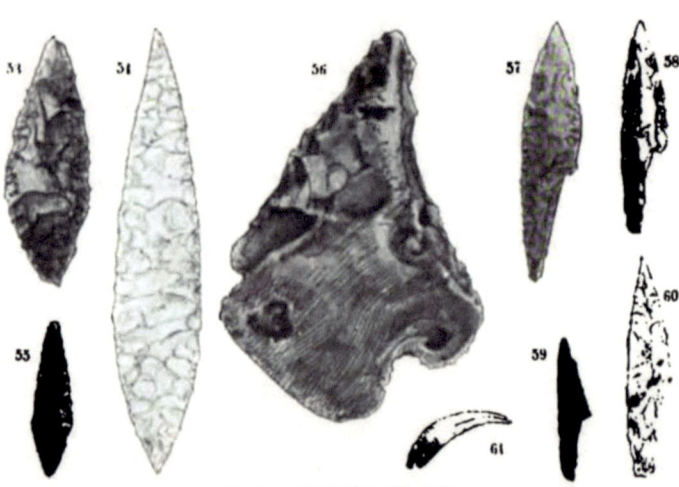

53—61. Solutréen (S. 119).

53, 54, 55: Lorbeerblattspitzen (Lanzenspitzen), Solutréen (53, 55 aus Station 14, Laugerie intermédiaire, 54 aus Station 54, Badegoule). 56: ein sog. „pic", Keil oder Meißel; Solutréen, Station 14, Laugerie intermédiaire. 57, 58, 59, 60: Kerbspitzen (Pfeilspitzen); Solutréen, Station 14, Laugerie intermédiaire. 61: durchbohrter Zahn; Solutréen, ebendaher.

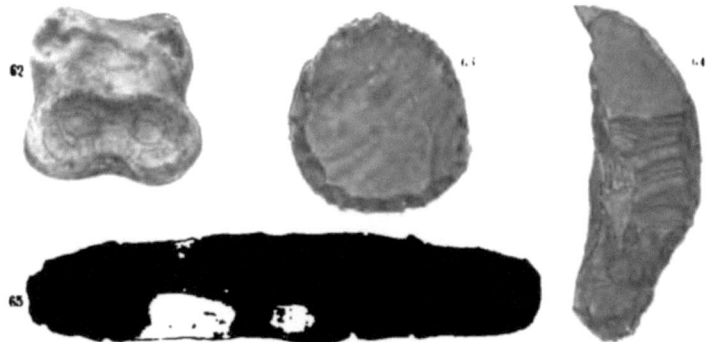

62—65. Magdalénien (S. 119).

62: auf ein Fußstück vom Rentier haben die Siedler der Laugerie haute (Magdalénien, Station 9) ein Gesicht eingeritzt. 63: Rundschaber aus Feuerstein von Station 45, Longueroche. Magdalénien. 64: Feuersteinmesser (Papageischnabel, Fundort wie 63). 65: Feuersteinklinge (Fundort wie 63 und 64).

66—70. Acheuléen (S. 120).

66: Faustkeil aus Feuerstein, untere Grotte von Le Moustier, Station 14, Schicht des Homo Mousteriensis Hauseri, Acheuléen. 67, 68: Diskusschaber, ebendaher. 69: Brüllkratzer, ebendaher. 70: Faustkeil, Acheuléen der Station 50, La Rochette.

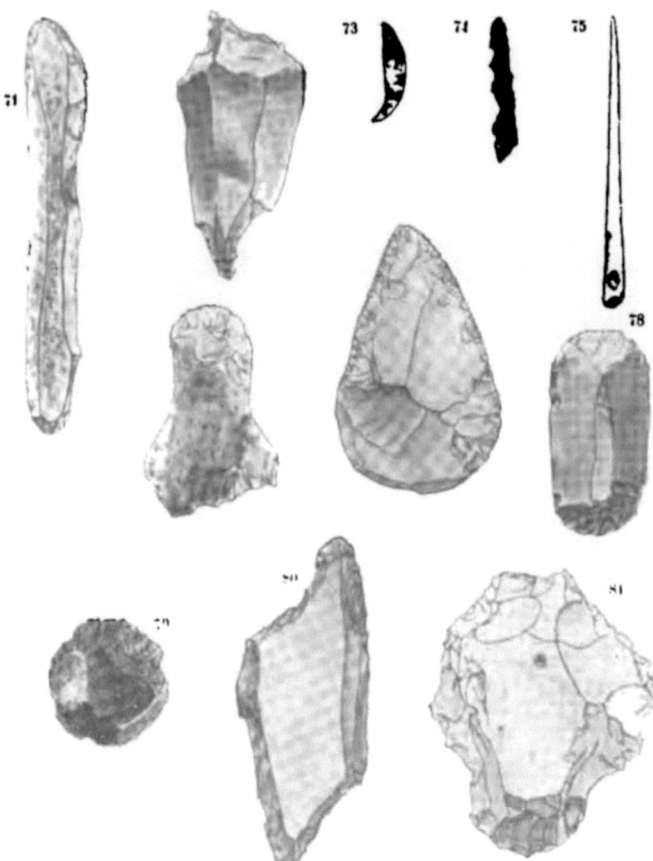

71—81. Aurignacien (S. 120).

71: Klingenschaber, Station 50, La Rochette, Aurignacien. 72: Doppelbohrer, Station 52, Sergeac,
Aurignacien. 73, Durchbohrter Zahn, Station 48, Fongal, Aurignacien. 74: Feuersteininstrument
zum Polieren von Nadeln, ebendaher. 75: Nadel mit Öhr, ebendaher. 76: Schaber, ebendaher.
77: Schaber und Messer, Station 52, Sergeac, Aurignacien. 78: Doppelschaber, Station 47, Le Ruth,
Aurignacien. 79: Rundschaber, Station 50, La Rochette, Aurignacien. 80: Doppelhohlschaber, ebendaher. 81: Hochschaber, Station 52, Sergeac, Aurignacien.

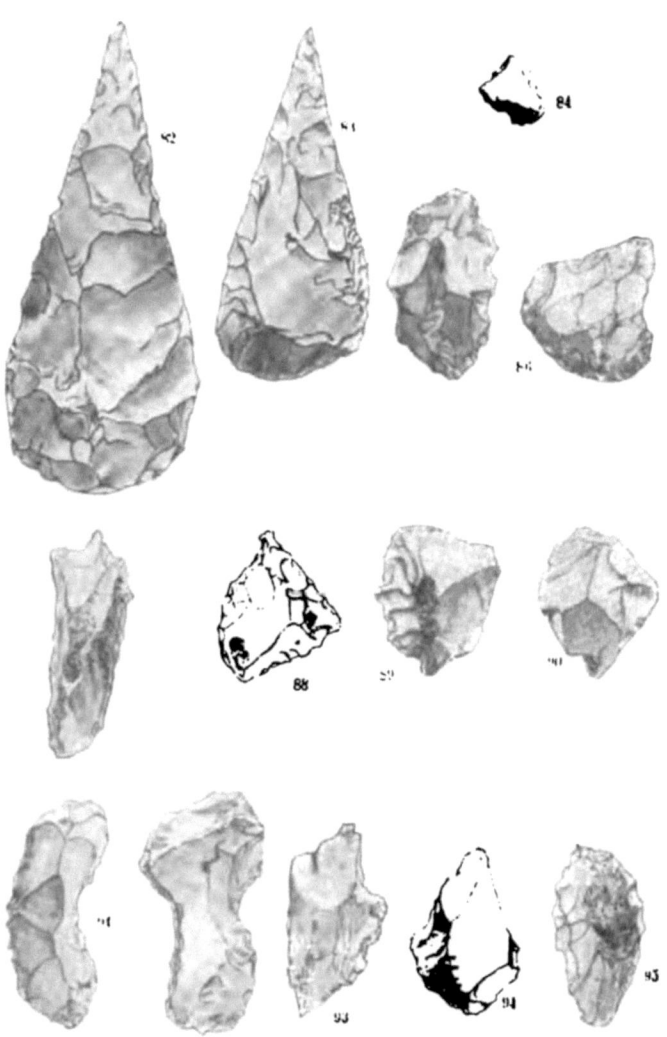

82—95. Micoquien (S. 120).

82, 83: Micoquekeile (Dolche). 84, 85, 86: Schaber. 87, 88, 89, 90: Bohrer. 91, 92: Hohlschaber. 93, 94: Spitzen. 95: Hochschaber.

zu den unverstandenen Problemen der Eiszeitforschung gehört, und ganz so ist es auch mit einigen deutschen Fundplätzen gegangen.

Meine vergleichenden Studien haben dazu geführt, auch für Deutschland und die Schweiz die Micoquekultur als selbständige Epoche nachzuweisen. Es ist anzunehmen, daß Jahrzehntausende vor der Besiedelung der Micoque die ihr zugehörende Rasse schon in Deutschland gelebt hat. Die Wanderungen dieser neuen Diluvialrasse und die allmähliche Vervollkommnung ihrer Werkzeuge liegt auf einem Wege, der von Nordost nach Südwest weist.

Im März und April des Jahres 1916 konnte ich die Belege dafür erbringen, daß zum Micoqueformenkreis auch die Funde von Kösten bei Lichtenfels (Bayern), vom Hohlefels bei Happurg (Bayern), von Neu-Essing im Altmühltal (Bayern), von Ehringsdorf bei Weimar und Wildkirchli (am Säntis) gehören. Im September des gleichen Jahres gelang mir die Feststellung, daß auch die neuen Funde aus einer Grotte von Cotencher bei Neuenburg (Schweiz) als „Kösten-Micoquekultur" anzusprechen seien. Meine Studien über die Funde aus den Schottern von Marktleeberg bei Leipzig dürften mich in kurzer Zeit dazu führen, diese Altsteinzeitsiedelung ebenfalls in diese Epoche einzureihen.

Auf der Tabelle S. 123 steht zur ersten Eiszeit vermerkt „Eolithen Rutot". Der Konservator am Naturhistorischen Museum in Brüssel, Rutot, hat am meisten in der Frage über Funde, die schon älter waren als die aus der Eiszeit — aus dem Tertiär —, gearbeitet. Die Feuersteinwerkzeuge aus dieser Epoche zeigen noch nicht die vervollkommnete Technik der Quartärartefakte; es sind zumeist nur Feuersteinstücke, mittels welcher der primitive Mensch gearbeitet hat, d. h., es sind nicht absichtlich zu einer Form zugeschlagene (retuschierte) Geräte, sondern nur Stücke, die Gebrauchsspuren zeigen, weil man einen Feuersteinknollen einfach als Schlaginstrument benutzt hat. Diese Funde nennt man Eolithen, Steine aus der Morgenröte der Menschheit. Ihre

Echtheit ist oft und oft in Zweifel gezogen worden, und die Ausscheidung nach wirklichen Eolithen und Steinen, die nur durch atmosphärische Einflüsse (Hitze oder Kälte) Absplisse bekommen haben, ist nicht immer leicht. Aber ein Großteil dieser Funde aus tertiären Schichten hat wirklich in Menschenhand geruht und ist benutzt worden. Ich habe selber im Beisein vieler Gelehrten schon im Jahre 1906 in miozänen Ablagerungen bei Aurillac, der Hauptstadt des Departements Cantal, solche Eolithen ausgegraben. —

Etwa   50— 900 v. Chr.: Eisenzeit (La-Tène-Zeit und Periode von Hallstatt).
  „   900—2500 v. Chr.: Bronzezeit.
  „   2500—7000 v. Chr.: Jüngere Steinzeit (Neolithikum). Beginnende Zähmung der Tiere, Ackerbau, Töpferei. Menschenrasse von heute.

Lücke

Quartär (Diluvium).
  Die 4 Eiszeiten und die 3 Zwischeneiszeiten des Quartärs:
Vierte Eiszeit. Sie umfaßt die Perioden des:
  (Würmeiszeit)

Magdalénien,
  etwa 10 000—25 000

mit:
Lemming, Renntier,
Moschusochse

Menschenrasse von Cro
Magnon und Chancelade

Solutréen,
  etwa 25 000—30 000

Mammut, Schneehuhn,
Bison, Pfeifhase,
Riesenhirsch

Aurignacien,
  etwa 30 000—40 000

Antilope, Wildpferd

Homo Aurignacensis
Hauseri (orangoide
Ostrasse)

Dritte Zwischeneiszeit:

Micoquien-Hauser,
  etwa 40 000—60 000

Altelefant

Der menschliche Unterkiefer von Ehringsdorf bei Weimar
(schimpansoide [?]
Nordostrasse)

Löstenmicoque-Typus

Mercksches Nashorn,
Flußpferd, Wildpferd,
Riesenhirsch

Wildkirchli
  (Säntis)

Höhlenbär, Bison
(in den Größenverhältnissen nahe dem
Auerochsen)

Dritte Eiszeit:
 (Rißeiszeit)

Moustérien,
 etwa 60000—80000

Renntier,
Riesenhirsch,
Mammut

Schädel von La Quina (Departement Charente), La Chapelle aux Saints (Departement Corrèze)

Acheuléen II,
 etwa 80000—140000

Wildpferd,
Wisent,
Höhlenbär,
Wollhaariges Nashorn,
Höhlenlöwe,
Höhlenhyäne,
Mammut, Renntier,
Riesenhirsch

Homo Mousteriensis Hauseri (gorilloide Westrasse)

Zweite Zwischeneiszeit:

Acheuléen I,
 etwa 140000—150000

Altelefant,
Mercksches Nashorn

Chelléen,
 etwa 150000—180000

Flußpferd

Homo Heidelbergensis (der Unterkiefer aus den Sanden von Mauer bei Heidelberg, Alt-Neandertal-Rasse)

Zweite Eiszeit:
 (Mindeleiszeit)

Prächelléen,
 etwa 180000—200000

Neue primitive Werkzeugfunde (Hauser)

Erste Zwischeneiszeit:

 Prächelléen

Nashorn, Mastodon,
Flußpferd

Erste Eiszeit:
 (Günzeiszeit)

 Eolithen Rutot

Tertiär: Pliozän
Miozän (Aurillac) (die ersten Feuersteinwerkzeuge)
Oligozän
Eozän

Kreide
Jura
Trias
Perm
Karbon
Devon
Silur
Kambrium

Bei der Betrachtung dieses Fund- und Zeitschemas wird der
Leser unwillkürlich nach dem Alter der betreffenden Kulturschichten
fragen.   Für so weit abliegende Erdperioden können exakte Zahlen,
wie sie die urkundlich beglaubigte Geschichtschreibung kennt, natürlich nicht angegeben werden. Wenn wir das Alter dieser Urmenschen-
zeiten in Zahlen ausdrücken müssen, können diese immer nur relativ
bleiben und uns nur einen ungefähren Begriff von den weitab liegenden Zeiträumen geben. Ich habe schon im vierten Kapitel auf einen
Anhaltspunkt hingewiesen, den uns nordische Forscher für einen
zahlenmäßigen Altersbegriff in jüngster Zeit erst gelehrt haben.
Auf dieser Basis weiterrechnend, können wir für die einzelnen
Epochen des Diluviums etwa folgende relative Daten mit ziemlicher
Bestimmtheit annehmen:

Das Magdalénien liegt etwa 25000 Jahre vor unserer Zeit-
rechnung und mag bis etwa 10000 Jahre v. Chr. gedauert haben.
Dem Solutréen dürfen wir ein Alter von 30000 Jahren zuschreiben,
bem Aurignacien etwa 40000 Jahre geben. Die von mir festgestellte Epoche des Micoquien hat ein Alter von annähernd 50000
Jahren, während das Moustérien schon 80000 Jahre zurückliegen
muß. Dem Homo Mousteriensis Hauseri aus dem Acheuléen II
dürfen wir ein Alter von etwa 140000 und dem Acheuléen I ein
solches von 150000 Jahren beimessen. Die älteste biluviale Periode,
das Chelléen, liegt alsdann etwa 180000 Jahre zurück. —

Das für viele noch „tote Inventar" wurde lebendig gestaltet
durch die glücklichen Funde von menschlichen Körperresten, von
Schädeln, Kiefern, Bein- und Armknochen. Wenn solche Dokumente sich in absolut ungestörter Bodenschicht finden, so müssen
sie notwendigerweise der sie umgebenden Altsteinzeitkultur zugehören.
Daraus ergab sich ohne weiteres die Aufstellung der biluvialen
Menschenrassen, wie wir sie in der umstehenden Tabelle zur Chronologie
des Bézèretales erkennen. Zu unterst sehen wir den Unterkiefer des

Homo Heidelbergensis. Er ist von einer ganz außerordentlichen Massigkeit des Knochenbaues und deutet in seiner ganzen anatomischen Beschaffenheit auf eine starke Primitivität des ihm zugehörenden Individuums hin. Dr. Schoetensack in Heidelberg hat den bedeutenden Fund im Sinne und in der Arbeitsweise Hermann Klaatschs in einem Buche beschrieben. Der Unterkiefer von Heidelberg gehört aber immerhin noch zur selben Menschheitsgruppe wie der Homo Mousteriensis Hauseri: zur Neandertalrasse. Dieser zweite und wertvollste Fund aus diluvialen Schichten ist ausgezeichnet durch die primitive Gesichtsbildung, die ich im vierten und zwölften Kapitel beschrieben habe, und die so recht die Rasseneigentümlichkeiten der Neandertaler illustrieren. Von Nordosten her kam dann die Rasse von La Micoque, von der wir bis heute, wie gesagt, nur den Unterkiefer von Weimar kennen. Weit aus dem Osten drangen die Aurignacleute vor, die uns in ihrem vornehmsten Vertreter, dem Homo Aurignacensis Hauseri, ausgezeichnet erhalten sind. Von diesem Zeitpunkt ab scheint eine ununterbrochene Entwicklung des Aurignacstammes stattgefunden zu haben. Die Rasseneigentümlichkeiten werden uns leichter verständlich, wie ich es im zwölften Kapitel geschildert habe, und leiten dann über zu den schon sehr „modern" erscheinenden Menschheitsvertretern von Chancelade und Cro Magnon.

Für die Altsteinzeit dürfen wir, wie aus all dem Erzählten hervorgeht, drei verschiedene und in ihrem Ursprung voneinander unabhängige Menschenrassen annehmen. Es sind neue und stratigraphisch genau belegte Skelettfunde abzuwarten, ehe wir uns auch darüber klar sein können, ob die Chancelade- und Cro Magnon-Leute einer selbständigen, vierten diluvialen Rasse zuzurechnen sein werden, oder ob sie lediglich das Produkt aus einer Vermischung letzter Micoque- und Aurignacbestände bedeuten. Aber auch, wenn solche Skelettfunde sich verzögern, werden wir durch gründlichen Ausbau methodischer Grabungen auf archäologischem Wege, durch die Kulturdokumente, zu der Frage neues Licht schaffen. Es scheint mir nicht unwahrscheinlich, daß zu Beginn des Solutréen (während der 4. Eiszeit) ein neuer Menschenstamm ins Tal der Bézère einzog, und daß dann, durch Vermengung mit schon ansässigen Elementen, die Magdalénienrasse und die Magdalénien-kultur geboren wurden.

Wir wollen aber für heute die Rassenzugehörigkeit der Kultur des Solutréen und Magdalénien noch aus dem Spiele lassen. Ich denke, durch bestimmte Grabungen einen ganz unerwartet neuen Aus-blick für die Kulturen des Aurignacien und Solutréen liefern zu können; denn es bestehen da noch völlig unbekannte Momente, an deren Klärung ich schon seit einigen Jahren arbeite.

Drei große Kulturgruppen stehen fest: Chelléen-Acheuléen-Moustérien, La Micoque und Aurignac bis Magdalénien; nur diese letztere verlangt noch schärfere systematische Trennungslinien. Jede dieser drei Kulturgruppen bildet einen selbständigen Komplex und entspricht auch in phyletischer Hinsicht (stammesgeschichtlich) je einer geschlossenen Einheit. Ich habe kürzlich in einer wissenschaft-lichen Kritik darauf hingewiesen, daß das Objekt (der Steinfund: Werkzeug, Waffe, Schmuck oder Kultgegenstand) die Ausdrucks-form einer entwicklungsgeschichtlich erreichten Stufe darstelle. Inner-halb dieser Entwicklungsstufe (die einer ganz bestimmten Rasse zu-gehört) zeigt sich das Objekt verschieden, weil es das Produkt einer abgegrenzten Gehirnfunktion ist und beeinflußt wird von der Ge-schicklichkeit, der Handfertigkeit des Erzeugers. In einem neuen Buche werde ich meine Erfahrungen in dieser Richtung niederlegen und eine Parallele ziehen zwischen dem „toten Stein", dem stummen Werkzeug des Altsteinzeitmenschen und der heute allgemein an-erkannten Tatsache der entwicklungsgeschichtlichen Gesetzmäßigkeit.

Aus zahlreichen Skelettfunden in Pfahlbauten, Landansiedelungen, aus Gräbern kennen wir schließlich weit besser noch die Völker-schaften des Neolithikums und der Bronze- und Eisenzeit (50—2500 v. Chr.), die sich von uns körperlich beinahe nicht mehr unterscheiden.

Fünfzehntes Kapitel.

Die Kunst der Ausgrabung.

Wie findet man altsteinzeitliche Siedelungen? — Die Zeichen im Lesebuch der Erde. — Sondierungsstollen. — Aufeinanderfolge der Kulturschichten. — Küchenabfälle des urzeitlichen Wohnhauses. — Abbau des Fundplatzes. — Das Werkzeug. — Photographische Aufnahmen. — Profile. — Die Steinwerkzeuge in unsern Museen. — Trugschlüsse. — Hebung der Knocheninstrumente. — Konservierung der Knochen. — Registrierung der Tagesfunde. — Das Wunderbare.

Wer meine bisherigen Ausführungen aufmerksam verfolgt, wer die Sensation des mühevollen Suchens, des endlichen Findens und der Freude des Entdeckens miterlebt hat, wird sicher die Frage stellen: Ja, aber wo sucht man denn eigentlich solche alte Ansiedelungen? Sieht man der Erdoberfläche äußerlich irgend etwas an, das auf das Vorhandensein wertvoller Bodenfunde schließen läßt? Und wenn man wirklich eine solche alte, weihevolle Stätte vor sich hat, wie gräbt man dann? Wie sehen die Schichten aus, diese mannigfaltigen Zeichen im Lesebuch der Erde, wo sind denn die guten und wo die schlechten Funde? Und auf welche Weise entnimmt man sie dem Erdboden?

Auf alle diese Fragen will ich versuchen in Kürze zu antworten, zu zeigen, wie man solche Ausgrabungen macht, wie man die Funde aus der Erde nimmt und sie dann schließlich konserviert. Alles dies kann hier nur im Rahmen einer allgemein verständlichen Darstellung geschehen und bezweckt lediglich, den Leser auf Funde ähnlicher Art aufmerksam zu machen und ihm die Freude an der Urgeschichte des Menschen, und damit das Interesse an den letzten und größten Fragen der Menschheitsentwicklung zu mehren.

Also zuerst: Wo haben wir einige Aussicht, mit Erfolg alt-steinzeitliche Siedelungen zu entdecken?

Vom tief gelegenen Tale aus ziehen wir den nächsten Fluß auf-wärts, erkunden seine Seitentäler und betrachten eifrig die Ge-staltung des Bodens. Wir schauen uns um, ob wir hochanstrebende Felspartien erkennen, und suchen dann in der Nähe der vom Fluß in früheren Jahrtausenden ausgewaschenen, jetzt halbrund erscheinen-den Steinwände. Wir ziehen den Kompaß zu Rate oder orientieren uns nach der großen Quelle des Lichtes, nach der Sonne, und stellen fest, ob die etwa vorhandenen Felsauswaschungen die Öffnung nach Süden oder Osten zeigen. Vorher schon hat uns die geologische Karte des betreffenden Gebietes darüber belehrt, ob wir uns wirk-lich auf quartärem (diluvialem) Boden befinden. Wo dem Unter-suchenden der geologisch geschulte Blick noch fehlt, zieht er am besten einen tüchtigen Geologen zu Rate; dieser wird ihm bestätigen können, ob er sich auf diluvialem Boden befindet. Sind all diese Voraus-setzungen gegeben, liegt der Fluß oder ein Bach nicht allzu weit ab, oder sprudelt aus dem Boden eine klare Quelle, wenn auch noch so unscheinbar, zum Licht empor, so dürfen wir schon mit einiger Sicherheit darauf rechnen, in dieser Gegend altsteinzeitliche Siedelungen zu finden.

Sorgfältig prüfen wir die Erdoberfläche in der näheren und weiteren Umgebung der kleinen Höhle (Halbhöhle, Grotte, abri). Findet sich gegen die Niederung hin ein Abhang, so suchen wir in erster Linie am Fuße dieses Hanges nach Überresten von Steinwerkzeugen; denn nicht selten finden wir schon ganz ober-flächlich Feuersteinwerkzeuge, die von der ehemaligen Urzeitbehausung abgeschwemmt sind. Begünstigt uns das Glück, und wir finden zwischen Grasbüscheln versteckt einige Feuersteine, so sind wir dem Ziel unserer Entdeckungsfahrt nicht allzu fern. Aber auch auf kleinen Maulwurf- und Feldmaushügelchen können Spuren von altem Werk-zeuginventar liegen; vielleicht aber sind es keine Feuersteine, die wir da sehen, sondern nur ab und zu kleine Knochenstückchen, oder gar nur etwas Kohlenreste. Doch auch diese unscheinbaren Funde geben uns wertvolle Fingerzeige und stellen gleich den Kontakt her mit reicheren und sichereren Belegstücken aus einer Zeit, die seit Jahrzehntausenden entschwunden ist.

Wir decken am Fuße des Hügels, oder je nach den Symptomen weiter gegen den Felsen hin, die Humusoberfläche mit Hacke und Spaten bloß. Dabei kann es vorkommen, daß wir zuerst auf tiefgeschwärzte Erde stoßen, die nach und nach sich immer reicher mit Kohlenteilchen vermengt erweist. Dann sind wir auf sicherer Spur. Wir setzen diese Probeuntersuchung bis an die Felswand fort, und haben wir auch da immer die gleich guten Aussichten, dann dürfen wir ruhig den Spaten tiefer einsetzen und einen schmalen Graben ausheben. Gewöhnlich zeigen sich schon bei diesen ersten Vorarbeiten Fundstücke, die uns eine richtige Einschätzung der obersten Schicht dieser neuentdeckten Fundstelle ermöglichen. Am Formcharakter der zutage tretenden Objekte erkennen wir die Zugehörigkeit zu einer der in unserm Schema genannten Epochen.

In gespannter Erwartung alles dessen, was die Erde dem Auge des Suchenden noch schämig verbirgt, ziehen wir den Graben tiefer und tiefer. Gewöhnlich stößt man nur allzu rasch auf eine Lage von Steinen, die dem raschen Vorwärtsbringen ein merkliches Hindernis bieten. Der Vergleich dieses Steinmaterials mit dem umliegenden Felsmassiv wird uns zeigen, ob die Steintrümmer mineralogisch zum Felsen gehören. Bei aufmerksamer Betrachtung des Felsens wird man dann erkennen, daß dieser Schutt gebildet wurde aus Abbröckelungs= oder Verwitterungsmaterialien, die einstmals im Zusammenhang mit dem Felsen gestanden haben.

Gar oft liegt aber nicht nur Schutt herum, sondern zentnerschwere Blöcke, die sich von oben im Lauf der langen Zeit losgelöst haben. Wir dürfen nun nicht etwa nur um diese Steinblöcke herum weiterscharren und schürfen, das stört das Bild und die Einsicht in die Bodenverhältnisse und damit das Urteil über die Anlage selber. Die kleinen Anfangsfunde haben uns ja die Bestätigung für das wirkliche Vorhandensein einer Altsteinzeitansiedelung schon erbracht, und wir setzen als obersten Grundsatz an allen Anfang: gleich sauber und exakt arbeiten! Die Blöcke müssen weg: Steinschläger, Heb- und Brecheisen oder Bohreisen sind Mittel dazu; Pulver- oder Dynamitladung in die Blöcke hilft rasch und sicher nach. ›

Liegt die Oberfläche einmal gesäubert vor uns, so bringen wir mutig weiter zur Tiefe, und schon ist die kleine Mühe belohnt! Die Funde mehren sich, eine gelbliche, sandige oder lehmige Schicht tritt zutage; sie ist das Verwitterungsprodukt der überlagernden Schuttmassen.

Bald kommt eine tiefschwarze Kohlenschicht zum Vorschein. In ihr zeigt sich manchmal ein roter Streifen, der von verwittertem rotem Ocker oder nur von am Herdfeuer verbrannten Kalksteinstücken herrühren kann. Die bislang gehobenen Feuersteinwerkzeuge haben uns mit aller Bestimmtheit das Alter der Siedelungsepoche angegeben. Wir weiten den Graben zum richtigen Sondierungsstollen, um ungehindert den Aushub entfernen zu können. Wir gehen tiefer und tiefer, bis wir schließlich wieder zu einer sandig-lehmigen Schicht gelangen. Diese bildet gewöhnlich die Verwitterungsdecke des unter ihr lagernden gewachsenen Bodens: nun hören alle Funde auf, wir sind damit auf der Sohle der Siedelung, auf ihrem untersten, tiefsten Ende angelangt.

Mit einem kleinen Eisenhaken, der in einen Holzschaft gefügt ist, säubern wir links und rechts die Wände des Sondierungsgrabens. Wir erkennen nun deutlich die Aufeinanderfolge der Kulturschichten, der Ablagerungen des alten Werkplatzes, oder der Küchenabfälle des urzeitlichen Wohnhauses. Wir sehen, ob sich die einzelnen Schichten, die sich jetzt frisch und leicht erkennbar abheben, nach oben oder unten verjüngen. Sicherlich ziehen sich die

Schichten gegen das Innere der Grotte hin und nehmen an Mächtigkeit dort auch zu. Nun sind wir über alle Zweifel erhaben, die Fundstelle ist als solche erkannt, und wir gehen zum systematischen Abbau des Platzes über.

Die erste und wichtigste Aufgabe besteht darin, am Felsen irgendeinen Punkt zu markieren und dessen Höhe über dem Meer festzustellen. Bestehen irgendwo in der Nähe durch Landvermessungen schon festgelegte Höhenmarken, so wird es uns leichter werden, die Niveauverhältnisse unserer Siedelung zu bekommen. Fehlen aber solche Vermessungsfirpunkte, so ist es unsere Pflicht, durch eine topographische Aufnahme des Geländes Firpunkte herzustellen. Über meine großen und jahrelang andauernden Vermessungen des Bézère- und Dordognegebietes habe ich in meinem schon erwähnten Buche: „La Micoque" (Seite 8 und 9) berichtet. Von diesen Firpunkten aus wird es uns dann leicht, nicht nur die absolute Höhe einer jeden Schicht festzulegen, sondern wir haben, wenn uns das Glück begünstigt, in größerer oder weiterer Entfernung andere Siedelungen zu entdecken, dadurch auch ein außerordentlich wertvolles Material, um die geologischen und archäologischen Verhältnisse mehrerer Siedelungen untereinander zu vergleichen.

Mit Hacke und Spaten darf jetzt nur noch sehr spärlich gearbeitet werden; der kleine Eisenhaken (grattoir) mit Holzgriff und gestählter Spitze bleibt fürderhin unser Hauptwerkzeug, und so unscheinbar dieses Instrumentchen auch aussieht, mit ihm heben wir Berge und Halden ab und schaffen ans Licht, was Jahrzehntausende lang im Boden versteckt war. Mit diesem kleinen Werkzeug kratzen wir emsig die Erde von den Feuersteinfunden weg, wir lösen sorgfältig diese Funde rundum und nehmen sie dann mit bloßer Hand aus dem Schichtenverband heraus. Würden wir mit der kleinen Eisenspitze die Objekte herausziehen, dann würden sicher am spröden Feuerstein Stückchen ausbrechen, die Form entstellen und den Fund entwerten. Mit der allergrößten Genauigkeit bauen wir Schicht um Schicht so

9*

ab und notieren uns fortwährend die gegenseitige Lagebeziehung der herausgeholten Fundstücke. Von großer Wichtigkeit ist es, die Mächtigkeit und den Verlauf der einzelnen Schichten ganz genau zu messen, die Knochen von Urwelttieren genau nach den einzelnen Horizonten (Schichten) zu sondern und das Aussehen der Schichtverbände und den Fortgang der Grabungen in allen Stadien photographisch genau aufzunehmen.

Je nach der Beschaffenheit des Feuersteins und seiner mineralogischen Zusammensetzung ändert sich das Aussehen der einzelnen Steinwerkzeuge. In den Farben tritt eine große Mannigfaltigkeit zutage, vom Tiefschwarz zum Dunkel- und Hellgrau, zum Gelb und Weiß bis Rotgelb, vom weiß und schwarz gesprenkelten zum schwarzbraun getupften Feuerstein. Wir müssen so arbeiten, daß wir an Hand der geometrischen Profilaufnahmen und der Photographien nach Jahren noch wissen, wo jeder Fund hineinzulegen wäre, wenn man uns die Rekonstruktion der Fundschicht zur Aufgabe stellen würde. Mit einem so gesonderten Material und an Hand der täglich sich mehrenden Fundnotizen können wir allein den Anspruch erheben, wissenschaftlich einwandfreie Ausgrabungen auszuführen.

In früheren Jahren haben viele berufene und noch mehr unberufene Ausgräber lediglich Löcher in den Boden gegraben und dann daraus entnommen, was ihnen gut und wertvoll schien oder was ihr Auge besonders entzückte. In den Museen der ganzen Welt lagern Legionen solcher wertloser Materialien, die für jede wissenschaftliche Bestimmung und für alle Betrachtungen zum Aufbau der Menschheitsgeschichte wertlos und irreführend sind. Die richtig durchgeführte Ausgrabung muß ein genaues stratigraphisches Bild der ganzen Entwicklung der alten Siedelung bieten. Unbegreiflicherweise ist an manchen Orten auch nur achtgegeben worden auf das äußerliche Aussehen der einzelnen Werkzeuge, auf ihre Nuancierung (Patina), und daraus hat man kühn die Alterszugehörigkeit der einzelnen

Befunde festzustellen gewagt! Alle Folgerungen, die man aus solchen Befunden zieht, sind gefährliche Trugschlüsse.

Ganz besonders sorgfältig muß die Hebung von Knocheninstrumenten bewerkstelligt werden. Die leiseste Berührung dieser meist spröden Funde bringt unersetzlichen Schaden. Zeigt sich im Boden eine Knochennadel, ein Pfriem, eine Harpune oder irgendein Rippen- oder Geweihstück, so muß rundherum die Erde mit dem kleinen Kratzeisen oder besser noch mit bloßer Hand gelockert werden, so daß man schließlich den Fund leicht auf einem untergeschobenen Pappdeckel entfernen kann. Dann soll der spröde Knochen luftgetrocknet und nach und nach konserviert werden. Dieses erreicht man am besten dadurch, daß man den Knochen mit einer sehr dünnen, warmen Leimlösung tränkt. Die Lösung läßt man eintrocknen und wiederholt den gleichen Prozeß so lange, bis der Knochen wieder genügende Festigkeit erlangt hat; denn durch die unendlich lange Lagerung im Erdboden ist die natürliche Leimsubstanz ausgelaugt worden; sie muß auf die angegebene Weise künstlich und langsam wieder hergestellt werden. Auf diesem Weg ist auch der Schädel des Homo Mousteriensis Hauseri konserviert worden, und er hat durch diese Behandlung einen Härtegrad erreicht, der ihm eine dauerhafte Erhaltung sichert.

Bei paläolithischen Ausgrabungen, ganz besonders in jenem Paradies des Urmenschen, im Tal der Vézère, finden sich in einem guterhaltenen Schichtverband stündlich Tausende von Werkzeugen. Aber nicht alle sind wohlerhalten, von gar vielen können wir nur Bruchteile heben, und bis wir ein wohlerhaltenes und wirklich schönes Instrument finden, gehen uns im Durchschnitt drei- bis viertausend Fragmente und minderwertige Objekte durch die Hand. Die Sortierung und Registrierung all dieser Tagesfunde bildet eine eigene, große Arbeit für sich.

Der Mensch, der aufrechten Ganges, mit erhobenem Haupte die Energien der Allmutter Erde zu nützen versteht, die wissenschaftliche

Technik ausbauend die Elemente bindet und Neues schafft, der heute die Luft als Träger neuer Waffen sich erwählt, die Atmosphäre analysiert und aus ihr Neustoffe gewinnt, hat einen unendlich weiten Entwicklungsweg zurückgelegt. Was uns im Produkt natürlich scheinen möchte, wird zum mystischen Wunder, wenn wir den Werdegang verfolgen und tief unten, im frühen Zeitbild der Erde, eine andere Kultur, eine uns fremde Kunst, im Schleier grauer Vergangenheit sehen. Kunst und Kult jenes Altsteinzeitmenschen werden zum Spiegelbild seines wenig komplizierten Geistes. —

Namen- und Sachregister.

Druck von F. A. Brockhaus, Leipzig.

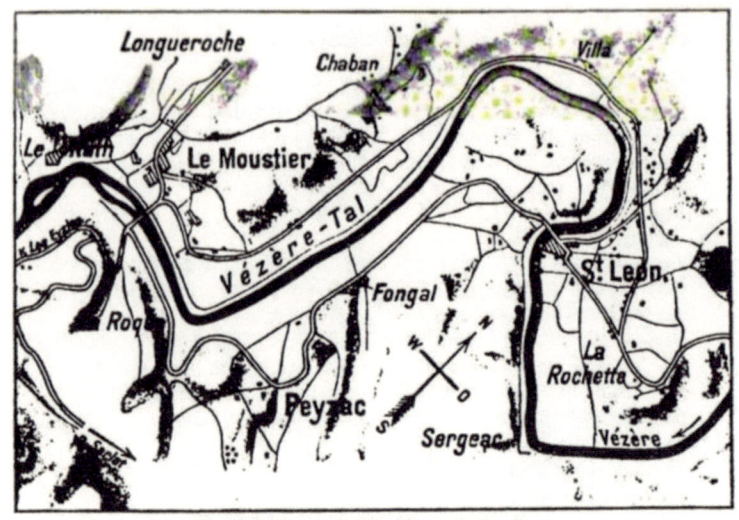

Spezialkarte von Le Moustier und Umgebung.

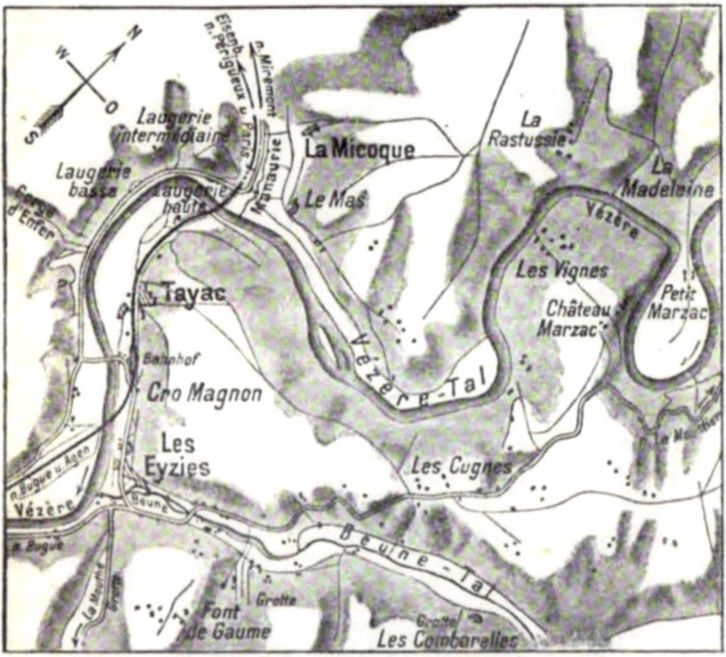

Spezialkarte von La Micoque und Umgebung.

Maßstab beider Karten: 1 : 55000.

0   500   1000   2000 m